[波] 安杰伊·克鲁塞维奇 著

赵 祯／袁卿子／许湘健／张 蜜／
白锌铜／吕淑涵 译

——自然观察探索百科系列丛书——

动物大百科

四川科学技术出版社

引言

  大自然是神奇的，它蕴含着无穷的奥秘，等待我们去探索发现。自然观察家成功的秘密是因为他们热爱大自然，拥有着超强的适应力、洞察力和专业知识。人们在与自然界的互动中，不仅会获得美的愉悦和熏陶，也会获得知识的增长。如果在大自然，你没有发现那些迷人的现象、有趣的动物，那肯定是因为你没有理解生活在我们周围的动物的行为。本书将用精彩的文字与出色的摄影作品，为大家传递大自然的色彩与神奇，告诉大家如何去观察大自然，如何去比较、思考和研究大自然。当我们在与大自然进行亲密接触时需要用到的东西有：放大镜、望远镜、地图、越野装备和照相机。那么，现在就让我们到大自然中去看一看吧！

安杰伊·克鲁塞维奇

目录

3

獾 ①

学名：*Meles meles*
高：30厘米
体长：80~90厘米
体重：6.5~20千克
寿命：12~14年

獾的概述

獾以其灵敏的嗅觉而闻名，它拥有强壮的体魄、短小的尾巴和五个长趾组成的爪子。

獾
——我们到底应该怎样介绍獾？

鼬科是童话故事或是卡通片里最典型的哺乳动物代表之一，而鼬科有一个重要的分支，就是獾。獾是夜行性动物，它们在夜间行动时十分隐秘、谨慎。人类能够遇见獾是非常罕见且意外的事，因此，我们对于这种动物的了解比狐狸少多了。獾经常住在护林人的小屋旁或是一些村庄周围的房屋旁，而这些屋舍的主人却常常不知道他们还有这样的"邻居"。

黑白的条纹
黑暗中更容易被认出来

坚硬的针毛

干净的洞穴

獾最喜欢把洞穴建在峡谷边或是丛林里的高地上，它们的洞穴有很多入口，比狐狸的洞穴要复杂得多。此外，獾的洞穴周围都很干净，闻不到狐狸洞穴口那些特别的气味，因为獾会在离自己的窝有一段距离的地方排泄。一个獾家族会花费很多年的时间建造洞穴。幼獾独立后会离开洞穴寻找另一半繁殖，有时会花费十几年的时间。獾离开后留下的洞穴会被狐狸、貉甚至是狼继续使用。

獾以其灵敏的
嗅觉而闻名

杂食性动物

森林里或是出现在它们身边能够食用的东西，都能成为獾的食物，而在雨夜里经常出现的蚯蚓是獾最喜欢、最基本的食物。它们还喜欢吃啮齿动物和大的昆虫，特别是五颜六色的甲虫。当然，青蛙、蛇和蜗牛也会成为獾的美食。到了年末，獾最喜欢的就是掠夺黄蜂和熊蜂的巢。它们有时也会偷袭建在地面上的鸟窝，攻击年幼的鹿或野兔。当缺少动物作为食物时，它们也会吃嫩草、苜蓿、橡树果实、覆盆子、蓝莓、越橘和蘑菇；因此，獾是一种杂食性动物。跟有些食肉动物类似，它们甚至还会吃鼹鼠和刺猬。

秋天是獾最胖的时候，因为在它们的皮下积累了厚厚的用来过冬的脂肪

长时间的孕期

獾最特别的是它们的孕期，尽管幼獾在母亲体内的成形只需要7~8周的时间，但是它们的孕期却有7~14个月。獾的交配时间一般是从春季到夏季，到次年的春天（3月或是4月）即可产下2~5只幼崽。

消失在黑暗中

狼和猞猁是獾的天敌。其他的食肉动物对它们不会构成威胁。以前，猎人们通常在秋天对獾进行猎捕，这样就能获得精致的毛皮和脂肪。獾的毛可以用来做成最昂贵的修面刷，而溶解处理后的脂肪可以做成治疗用的药膏。现在，獾已经越来越稀少了，因此人们很少对獾进行捕猎。但它们遇到人类的时候还是十分谨慎，会迅速消失在黑夜之中。

蛰伏

獾在冬眠时会紧紧地抱成一团。除此之外，它们还需要在身体里储存至少7千克的脂肪才足以度过冬天。但是冬眠也经常会因为口渴而中断。獾在春天苏醒后，獾的皮下还会有一些多余的脂肪，它们那时有6~8千克重。在秋天时能达到15~20千克，这就让一只体长只有80~90厘米的动物看上去显得十分肥胖了。

幼獾

刚出生的幼獾是全白的，在前5个星期里，它们睁不开眼睛且听不到声音。前8个星期里，它们只能待在深深的地下洞穴中。8个星期后，它们便可以来到洞外，但也仅仅是在夜晚的时候。獾头上与众不同黑白相间的条纹图案使它们在黑夜中也能被辨认出来。獾的嗅觉和听觉是其最发达的感官，而它的视力只能起到一定的辅助功能。

幼獾在出生后长达4个月的时间里都要食用母亲的奶水，这之后，幼獾也会食用父母捕获的肉类食物。它们通常在秋天的时候就能够独立，但还是会和家人一起在它们共同的洞穴里过冬。

年幼的獾大多时间都在玩耍

獾一天中待在洞穴里的时间是最长的，但是幼獾却很喜欢到洞外来晒太阳

野猪

学名： *Sus scrofa*
肩高： 55~110厘米
体长： 90~200厘米
体重： 90~200千克
寿命： 27年

野猪
——野猪是野蛮的吗？

看管小猪群体的是一只友善的雌性野猪

我们阅读过的一些文学作品中，关于野猪的描写——野猪是危险的动物，它们拥有锋利的牙齿。说实话，当人们遇到它的时候应该想办法躲到树上，但其实很多时候野猪并不是人们想象的那样野蛮……

野猪概述

野猪体躯健壮、四肢粗短。雄性野猪比雌性野猪躯体更大，肩更高，它们拥有一对突出的牙齿，它的这对牙齿是它的"枪"和"剑"。

优秀的听觉和嗅觉

雄性野猪的犬齿

灵活短小的尾巴

野猪是偶蹄目动物

这样的场景经常会出现在欧洲的一些城市中，人们已经习以为常了

接近人类

最近在欧洲，人类与森林中胆小且隐秘的"居民"接触得越来越多了。当人类开始大面积种植玉米时，野猪就变得不那么胆小，也不再害怕人类。在野猪生活的地区，它们都不太招人喜欢，因为它们是潜伏在人类周围的具有危险性的邻居。除此之外，没有人会喜欢自己的庄稼、花园、草坪和绿地受到破坏，而野猪喜欢拱开肥沃的土壤，寻找植物有营养的部分以及蛴螬、蚯蚓和老鼠窝。凡是野猪待过的地方都会留下烂摊子，而它们并不需要像人类一样，要为自己有意或无意的行为（比如：在乡镇旁乱扔垃圾和食物的残渣）承担很多后果。野猪清楚地知道，在人类居住的村庄旁不会有猎人或是狼对它们造成威胁。野猪会觉得在人类的身旁是安全的。

猎人的术语

关于野猪已经出现了一些独一无二的行话，而这些行话是猎人们创造的。根据传统，野猪的吻是口哨，牙齿是剑和枪，这些器官共同构成了它们的武器。雌性野猪称为牝猪或武士，成年的雄性野猪称为公猪或者野猪，刚出生的称为乳猪，而年长一些的——老野猪。12月和1月是野猪交配的季节，这个时期被称作发情季。野猪的四肢用来奔跑，耳朵——听音，眼睛——辨位，蹄子上有四趾（两趾着地，另两趾很小）。在狩猎行业里，人们会为那些用错了术语的猎人感到悲哀。然而是否会用这些术语，对于野猪的观察者来说，是没有什么影响的。希望大家一定要记住，想在夜晚捕猎野猪是一件非常危险的事，而且也可能被控告为偷猎。

没有开玩笑！

带着小猪的雌性野猪是非常危险的，它们会攻击接近的狗甚至人类，因此，在有雌性野猪带着小猪出没的地区，一定要用绳子把狗牵好。反之，没有绳子牵住的狗很可能会接近小野猪，这样雌性野猪一定会对它发起攻击。人的出现也不能阻止暴怒的雌性野猪。这个时候你一定要逃跑，最好是躲在树上。不开玩笑地说，野猪可是真的会袭击人的。

条纹小猪

交配期后，雌性野猪会有持续115天左右的孕期，之后带着纹理的小猪便来到这个世上。雌性野猪在人迹罕至的森林里准备自己的藏身之处（即它们的巢穴），并用一些干草来填充洞穴，以便在这里舒服宁静地生育。野猪一般一胎产仔4只以上，一胎产仔10只以上的情况极少。能够友好相处的雌性野猪经常会共同组成更大的群体，形成一种可以移动的"幼儿园"，这个群体带领着刚刚学步的小野猪们寻找食物。

野猪的食性

野猪的食物非常丰富。它们取食植物有营养的部分和多种动物性食物，比如无脊椎动物、鸟蛋、老鼠及其幼崽，甚至是一些大型动物的尸体。野猪们也不会吝惜新鲜的鱼儿，它们会游泳来掠夺渔民湖里或海里渔网中的鱼儿。它们最喜欢的是马铃薯的茎部、嫩嫩的燕麦和玉米，在森林里它们还会吃橡树果实和山毛榉果实。

不要喂食！

在欧洲，给住在人类周围的野猪喂食是非常不明智的行为，这样会永远失去这些动物。人们会对接近野猪并和它们互动感到快乐，但这些濒危的野生动物在过分与人类亲近后会产生严重的后果。随着野猪数量的增加，人们可能会感到厌倦，但是野猪们却不会改变它们的生活习性。

勇气的象征

在欧洲，许多民族的祖先以野猪肉为食，用野猪皮做衣。他们非常尊敬野猪，会用野猪的獠牙来做装饰物，并把它们的头悬挂起来当作勇气、力量和勇敢的象征。很多贵族家族甚至是城市、直辖市和城堡的徽章都以野猪为主题。在希腊神话中，野猪不光是勇气的象征，还是诚实的象征，根据波兰的神话，野猪创造了波兰的一个城市——凯尔采。在这个迷人的城市还有野猪的雕像，这个雕像有一个好听的名字"凯尔微克"。

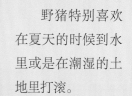

野猪特别喜欢在夏天的时候到水里或是在潮湿的土地里打滚。

当蚊子和蝉骚扰野猪时，它们会用松树和松树渗出来的松脂摩擦皮肤。它们会吃从树上掉下来的发酵了的苹果或梨。有时候，它们吃了这些发酵的果子会变得醉醺醺的，像谚语里说的猪那样

林业人员的帮忙

如果我们周围住着野猪，并且我们想和它们和平地共同生活，那么野猪就不会给我们留下什么庄稼了。猎人和林业人员知道如何驱赶它们远离农作物，或者是引诱它们到另一个地方，因此，当我们碰上麻烦的野猪时，应该向林业人员寻求帮助。

野猪最重要的是它们的听觉
和嗅觉，但它们的视力不佳

野猪喜欢在那些会
渗出松脂的树上摩
擦身体

13

灰海豹

学名：*Halichoerus grypus*
体长：180~300厘米
体重：155~310千克
寿命：30年

灰海豹
——海豹

如果你到海边去旅游，会有机会看到在沙滩上晒太阳的海豹。从远处看，你可能会把它们和其他同样胖乎乎的动物弄混，特别是当几只海豹相互依偎在一起的时候。世界上许多海滩都是观察这种有趣的食肉哺乳动物的好地方，尤其是在北大西洋的温带沿海地区。

灰海豹概述

缺少耳廓以及后鳍肢和前鳍肢的变异是它们适应水生生活的前提。海豹保持着水陆两栖的生活方式。

有长胡须的狗嘴状长鼻口，缺少耳廓

灰色的毛皮和暗色的斑点，肚子底部的毛皮更加光亮

强壮有力的后鳍肢能够帮助海豚控制转向

短鳍肢和硬爪

常见的海豹

灰海豹是最常见的波罗的海海豹，甚至比港海豹（学名：*Phoca vitulina*）还多见。最稀有的是环斑海豹。东欧地区的华沙动物园有饲养灰海豹的悠久传统。在该动物园里出生的灰海豹大约有100只，出生后的灰海豹被送往欧洲其他动物园。华沙动物园负责管理这一物种的繁殖，并制作其在欧洲的家族谱系册，2011年，华沙动物园与赫尔海豹保护区基金会和世界自然基金会共同关注了三只名叫兹佩、才金和才尔塔的海豹。这三只海豹身上装备有卫星定位器，据悉，它们正生活在海豹自然保护区里，它们迁徙的路线可以在互联网上看到。

幼海豹在岸边长大直到
成年长出防水的毛发

成年雄海豹体重可以超
过300千克

海豹的交配

　　波罗的海灰海豹群体已经开始扩大自己的
种群数量，大概有25 000只。每年有一定数量
的海豹从波罗的海东部区域去往波兰的海域，
因为这里有无人的岛屿，岛屿的沙滩上充满了
大量的石头，海里还有种类丰富的海豹的主要
食物——鱼类。

　　海豹交配期处在早春时
节，有时雄性海豹身边会聚集
10余只雌性海豹。在热烈的交
配过后，当某只雌性海豹在夜
里发出特殊的声音，便到了休
息和群体捕食阶段。

所有的海豹都喜欢在
太阳底下取暖

安全的未来

成年后的海豹一般会在一个地方定居。它们的孩子却会进行长达1 000千米的跋涉。经过1年的孕期，小海豹们就来到这个世界上了。它们身上布满了浓密、柔软的白色毛皮，以前皮衣匠们把这种皮毛叫作小海豹的胎毛。由于人们对海豹皮毛的需要，以前海豹经常被大量的猎杀。现在，柔软的白色皮草时尚已经过去了，海豹不再受到渔民的追捕，不再被渔网网住而窒息死亡，海豹可以说是越来越安全了，因此，这些特别的海洋哺乳动物得以逐渐增多。它们十分擅长在水下猎食，甚至可以潜到水下几十米深的地方，并待上十几分钟。它们可以在水下抓住猎物，甚至直接将其吞食，但它们必须时不时地冒出水面呼吸。

狩猎成功后的海豹来到安静的沙滩上休息，为下一次捕猎鲱鱼、鳕鱼或者比目鱼积蓄力气

海豹的种群

海豹运气够好的话可以活到50岁。雌性海豹的性成熟时间为4岁左右，而雄性海豹的性成熟时间则要到6岁左右；所以它们有很多时间来发展壮大海豹种群。要实现海豹种群的繁殖，海水必须要干净，而且有大量的鱼。当我们躺在沙滩上时，请对保护海洋环境做出片刻思考吧。

在陆地上的海豹给人一种笨拙的印象

海豹救援队——新的机会

对于刚成年的年轻海豹来说，新生活肯定不容易。在一个月内，这些哺乳动物们必须学会在自己不熟悉的水下环境里捕食鱼类。它们只能靠自己的本能与努力来学会，因为此时它们的母亲已经不再照顾它们。毋庸置疑，年轻的海豹此时的死亡率会变高，那些瘦弱无力的海豹常常会到有人的沙滩上来。海豹救援队会把它们救起来，帮它们恢复健康并再次将它们放回海洋，这样，就能够再给这些小海豹们一次机会。

海豹的青春期

大约在出生4周后，年轻的海豹开始换毛，它们的毛皮会变色，变成成年海豹的皮毛结构，这样的毛皮能够帮助它们潜水。到这个时期，幼年海豹的体重会从刚出生时的6~8千克增长到25千克左右。这样快速的增长仅仅在第一个月就实现了。

在小海豹长大之前，它们都会把自己隐藏起来，只有在母亲召唤它们进食的时候才会出来，而进食结束后，它们又会回到海中躲藏起来

在水里时海豹敏捷迅速，甚至可以表演杂技

雪貂

学名: *Mustela putorius furo*
身长: 35~45厘米
体重: 0.5~2.0千克
寿命: 8~11年

雪貂

—— "家养的臭鼬"

家养雪貂最爱躲在巢穴里, 就像它们的祖先一样

雪貂的学名是*Mustela putorius furo*（*Mustela*在拉丁语里是鼬鼠的意思, 而*furo*在拉丁语词汇中有疯狂、为爱痴狂或鼓舞启发的意思）, 但是现在人们认为它是臭鼬（学名: *Mephitis mephitis*）的家养亚种, 这种鼬属哺乳动物与人类生活在一起, 通常在潮湿的植被区域或者水域附近。臭鼬可能是雪貂的祖先。

雪貂概述

一只成年雪貂的身长大约为45厘米, 但是雌性雪貂通常比雄性雪貂娇小得多。成年雄性雪貂体重通常是雌性雪貂的两倍还要多。虽然雪貂标本体重的最高纪录为3.5千克, 但一般1.5千克的标本就已经非常罕见了。

锋利的牙齿

短小的耳朵

短小的尾巴

如何选择雪貂?

在对雪貂做出选择之前, 我们首先应该全面地认识这种动物的需求, 也应该考虑未来要照顾的这只小动物的颜色。有的雪貂是纯白色, 带红色眼睛的（最淡的红色）; 有的是浅赤色的; 有的有非常深的野生颜色; 还有的是棕色, 并且在腹部和头部有较浅的颜色。颜色深一些的雪貂相对不容易生病, 也更容易照顾一些。

不同颜色的雪貂

18

猎捕兔子

用家养雪貂猎捕兔子的说法在2 000多年前就已经很有名了，但到底用的是雪貂，或是鼬属哺乳动物——比如臭鼬还存在异议。能够证明捕猎用的就是雪貂而不是别的动物的证据，可能是亚里士多德的回忆录。这本书里面有关于鼬属家养动物的记录。普利纽斯也曾提到过用雪貂来捕猎兔子。关于训练雪貂猎捕兔子的相似描述以及插图，也出现在书写于14世纪左右的欧洲的一些手稿里。

这样的捕猎活动在大不列颠岛仍旧非常受欢迎。他们把雪貂放到兔子的洞穴里（给它们戴上特别的口套）。带着武器或者猎鹰的猎人在洞口前等待着从洞穴里逃出来的兔子。

口套对于雪貂来说是必不可少的，这样可以防止它们吃掉兔子，在饱餐以后它们会立刻进入梦乡，而这时它们的主人就只能在洞穴外面等待，直到自己的"合作伙伴"醒过来。

家养的小宝宝？

雪貂漂亮的毛皮

雪貂除了可以用来捕猎兔子和获取皮毛外，也可以用来防范家中的啮齿动物（当人们还不知道猫的能力的时候，雪貂非常受欢迎），还可以作为人类流感的实验对象，因为它们对流感十分敏感。当然，它们还可以作为家里的宠物。

19

雪貂通常可以活8~11年，这取决于它的品种以及对它照料的细心程度，但雪貂通常都会因为喂养错误或者意外事故而提前结束生命。在它散步时应特别留意，因为它们可能被狗袭击或者被狗的粪便中携带的病毒感染

雪貂最重要的"事业"是当好家里的"小宝宝"。达·芬奇的名画《抱银鼠的女子》描绘了一个女人和一只雪貂，这说明雪貂早在中世纪就已经是非常流行的家养宠物了，人们可以抚摸它、爱护它，而它还会时不时地捉老鼠

不同物种的纵横填字谜

雪貂可以和鼬属同族物种杂交并产下后代，最常见的是和臭鼬杂交，除此之外，它也可以和貂杂交。一些饲养者利用这种特点来获得新的颜色品种，这让貂类杂交变得越来越流行。几乎每一个雪貂的主人都会常常夸耀自己的雪貂是独一无二的。

现在已经没有人再逼着自己的雪貂去捉老鼠了，但是将雪貂当作家养宠物也需要注意，它们并不是没有缺点的宠物。

雪貂幼崽

雪貂幼崽一般在5月来到这个世界，出生较早的会在3月份或4月份。出生以后的雪貂幼崽的皮肤表面覆盖了一层柔软的绒毛，小幼崽只有6~10克重，双眼紧闭，完全靠雪貂妈妈照顾。它们在一个月左右时睁开双眼。在这个时期它们也开始有了听觉。在此之前大约两周的时候，它们的乳牙已经长出来了，到第6~8周时，他们会停止吸食母乳。幸运的是，在它们仅仅只长出了乳牙，也就是两周大的时候，它们已经能够吃固体食物了。

对世界充满好奇是雪貂最大的特点

雪貂幼崽在两个半月左右时开始变得独立，它可以离开母亲，但是家庭的互动对于雪貂来说是必不可少的活动，它们可以借此展现自己的灵敏和魅力，所以不必要将这一过程提速

小小的、尖尖的乳牙在雪貂妈妈身上留下了不浅的印记

要求严格的家庭成员

雪貂每天的进食必须要有规律，并且不能是普通的食物，而是最高质量的、专门用于喂养雪貂的营养物质。饮用水、小便托盘以及玩具都是它们窝里不可缺少的东西。它们每天都需要长时间的散步，任何一个喂养错误都可能造成它们新陈代谢的紊乱，特别是荷尔蒙分泌的紊乱。当雪貂荷尔蒙分泌紊乱时，极容易过度的紧张。给它们的喂食不应该过量，你可以一天喂它们几次，但每次只给少量的食物。在两餐之间，雪貂通常在睡觉，但是在晚上，当主人们回家之后，它们会精力过剩。这时需要十分注意，因为它们需要跑到外面去玩耍。之后，雪貂需要再进一次食，然后就去睡觉。

在精心的照看下，雪貂会是完美的散步伴侣

21

先吃饭……

然后玩耍……

安全原则

为了让年轻的雪貂更容易饲养，可以除去雄性雪貂的味腺，给雌性雪貂做绝育手术。具体的做法则应该和专家商榷。这方面的专家并不多，但是可以在网上的论坛里找到不少雪貂专家的联系方式。一定要记得给自己的雪貂宠物做预防性的体检、除虫以及打疫苗。

最后，最重要的是，打一个小盹

捷蜥蜴

学名： *Lacerta agilis*
身长： 20~25厘米
体重： 40~70克
寿命： 10~12年

捷蜥蜴

虽然比较常见，但捷蜥蜴依旧是很难观察的。不过幸好，市场上有卖望远镜的，最好的已经能清晰地观察到50米外的景象的细节了。这些望远镜最适合用来观察蜥蜴身上颜色的细节，不仅仅是蜥蜴，昆虫也适合观察。一般的捷蜥蜴长不到20厘米。因为在空中和陆地上都潜伏着它们的捕食者——蛇，蛇是捕食蜥蜴的专家。捷蜥蜴也是它们最喜爱的猎物，所以，我们常常看到，捷蜥蜴要不然没有尾巴，要不然有着比同伴更短或颜色不一样的尾巴。出现这样的情况是因为受到攻击的蜥蜴会选择放弃自己的尾巴，这样会转移攻击者的注意力。攻击者对蜥蜴给的代替品比较满意，因此蜥蜴可以逃过一劫。这样的策略在遇到猫的攻击时更为有效，因为它们只是为了玩耍而攻击蜥蜴。

蜥蜴的种类
——四个种类

胎生蜥蜴

一般来说，比较知名且常见的，就是以敏捷的速度而得名的"捷蜥蜴"。第二种冥卫蜥蜴常见于中南美洲，我们也叫它"绿蜥蜴"，顾名思义，这种蜥蜴以绿色为主。接下来我们说的这种蜥蜴没有脚，因而看起来像蛇，所以常常被叫作"筒蛇"，但它真正的名字其实是"蛇蜥"。第四种隐匿在沼泽地里生活的蜥蜴叫作"胎生蜥蜴"——这种蜥蜴通常只有专家才知道。

雄性捷蜥蜴的色彩特点非常鲜明

捷蜥蜴是各种类型蜥蜴中数量最多的一种，也是我们认识的最常见的爬行动物之一。成年的雄性捷蜥蜴可以长到20厘米。春天时，它们的脊背上有复杂的蓝绿色，像宝石一样绚丽夺目。

蛇蜥

所有的蜥蜴在下午都是最活跃的，在下午很容易观察到它们。夜晚和下雨天，它们会躲在洞穴里，这些洞穴一般在石楠树根下或石头间的缝隙里。如果是在地面上，它们会把洞穴挖得更深，以便在地底下找到藏身之处。

绿蜥蜴

捷蜥蜴

捷蜥蜴（*Lacerta agilis*）栖息在无光且隐蔽的地方，主要是在林中草地、杂草丛生的森林边缘和石楠林里，也可以在我们花园里的隐蔽处。它们是最容易观察的

受伤的尾巴会重新生长，但不一定总是很匹配的

雌性的捷蜥蜴比雄性的个头小一些，颜色也没有它们鲜艳

在春夏交替之际，处于孕期的、健康的雌性捷蜥蜴体重可达20克，一般它们的卵有几个到十几个

怀孕的雌性捷蜥蜴是漂亮的绿色，甚至是绿松石色

绿蜥蜴

学名： *Lacerta viridis*
身长： 22~30厘米
体重： 100~150克
寿命： 12~15年

美丽而罕见的绿蜥蜴

在亚欧大陆，绿蜥蜴主要生活在欧洲南部及中亚地区。一般来说，绿蜥蜴生活的地方都特别温暖。

绿蜥蜴

或许，我们不应该那么着急地去找美丽而罕见的绿蜥蜴。很多观察者常常把怀孕的雌性捷蜥蜴当成是绿蜥蜴，所以那些关于看见了绿蜥蜴的说法还有待考证。

25

蛇蜥

学名: *Anguis fragilis*
身长: 30~35厘米
体重: 120~150克
寿命: 30~50年

没有脚的蛇蜥

蛇蜥是一种绝对不一般的蜥蜴。为了适应在落叶层和苔藓中寻觅食物，它们逐渐地失去了脚（有时能看出还没有完全退化的部分）。在开阔的空间里蛇蜥移动得有些笨拙，所以比较容易被观察到。不过，遗憾的是，很多人会误以为它们是蛇。

这不是蛇，而是没有脚的蜥蜴

蛇蜥经常被误认为蛇，也经常被误认为是爬行动物中毒性最强的一种，但实际上蛇蜥并没有毒性。同时，蛇蜥只吃蚯蚓、蜗牛和昆虫的幼虫。它有非常美丽的颜色，也非常的友好。

大概20厘米长的蛇蜥就已经性成熟了。雌性蛇蜥和胎生蜥蜴一样不产卵，而是怀着卵为孩子们寻找一个适合成长的温暖之地。夏末，雌性蛇蜥的肚子里装满了十多只将要出生的小蜥蜴，因而活动较少且行动缓慢。这个时候它们对捕猎者的攻击变得格外敏感。在夏天结束时，它们会生下十多只年轻的小蜥蜴。小蜥蜴的体长为8厘米左右。对这个物种的研究表明，有些品种的蛇蜥有着很长的寿命，可达到30~40年，甚至是50年也不算罕见。

最后，当我们看见蛇蜥时，保护好它们吧。不要觉得蛇蜥是我们不喜欢的东西，因为它值得我们爱护并且多一点了解。

神秘的胎生蜥蜴

胎生蜥蜴更加的神秘和隐蔽。它们的颜色比较单调，个头也较小，只有捷蜥蜴的二分之一大。这种蜥蜴一般生活在潮湿的地方，或者是沼泽地。

它们通常是暗淡的棕色，但是在山里和一些低地也有黑色的

胎生蜥蜴有些是胎生的，有些是卵生的。它们会在比较干燥的地方繁殖，雌性胎生蜥蜴不会把卵埋在沙子里，而是一直把卵保存在身体里，直到孵化出这些小蜥蜴。等到小蜥蜴出生后，它们才离开。正是因为有一些雌性蜥蜴在自己的体内孵化小蜥蜴，它们才能够出现在遥远的地方，甚至可以到高山里。如果雌性蜥蜴把卵埋在沙子里，则必须是由雌性蜥蜴精心挑选过的非常适合小蜥蜴孵化的温暖之地。胎生蜥蜴的生存技能更为高超。雌性蜥蜴把受精卵带在身上，然后找到一个没有阳光的地方孵化。一次孵化的小蜥蜴数量不多，一般只有几只。胎生蜥蜴最高的孵化记录是21只。新生的小小蜥蜴只有4厘米长。

快要生产的雌性胎生蜥蜴体重会增加很多

马鹿

学名： *Cervus elaphus*
肩胛骨高度： 120~150厘米
身体长度： 170~220厘米
体重： 120~220千克
寿命： 12~18年

马鹿
——骄傲而谨慎的动物

马鹿被称为"鹿中的贵族"，为什么说它们是"贵族"呢？当然是因为珍贵。住在森林里的人曾经靠它们维持生命。另外，捕猎鹿是非常困难的，因为它们有敏锐的听觉和嗅觉以及很好的视力，并且总是小心谨慎；所以，那些猎人捕猎到的每一只马鹿，都可以称得上捕猎艺术的代表作。

马鹿概述

马鹿是一种大型动物，冬天时皮毛是暗黄色，夏天时则是褐色。雄性马鹿头上长着象征着力量的鹿角，每年鹿角会重新生长一次。它们在每年的9月和10月进入交配期，这时候雄性马鹿会用咆哮声求爱。

分叉的强力
鹿角

短小的尾巴，后面
有白色花纹

长着美丽鹿角的雄性马鹿

令人印象深刻的鹿角

成年的雄性马鹿，骄傲地长着硕大的鹿角。1岁大的小马鹿有较小的鹿角，只有几个简单的突起，这样的角称为"鹿尖"。每年春天马鹿的角都会脱落，然后过不久就会长出新的鹿角。在这段时间里，它们只生活在最偏僻、最安静的森林边缘地带。正在发育的鹿角敏感而脆弱，上面覆盖了一层茸毛，这样的鹿角就是所谓的"鹿茸"。在这段时间里，对雄性马鹿来说最重要的是获得充足的营养，以支撑长出最好的鹿角。每一年新长出的鹿角都比前一年更大。半年后，8月或9月，鹿角就长好了。鹿茸已脱落的雄性马鹿从此可以向全世界展示自己全新的武器。鹿角上的每一个分支都可重达8~10千克。在分支上有越多的分叉，就表示这个鹿角越好。最漂亮的鹿角是最后的分叉可以构成一个王冠形状。进入老年后，鹿角才开始变小。

长着只有简单突起的1岁小鹿

鹿角在春天脱落，夏天生长，一年一年地变得越来越壮大

一个完整的马鹿家庭——雄性马鹿、雌性马鹿和小鹿

狍子是一种小型动物。雄性狍子可达30千克。雌性狍子体重大约为20千克。我们可以在田野里观察到狍子，特别是在我国的北方山地地区。人们可以在森林里饲养狍子。森林里的狍子是猞猁的食物源之一，而猞猁在我国只存在于西部和北部的山地高原地区

雄性狍子可达30千克

雌性马鹿
120千克

马鹿不是狍子

　　许多人会把马鹿和狍子弄混，这就好像把德国牧羊犬和京巴搞混一样。狍子和马鹿是完全不同的两个物种。不要说雄性马鹿，即便是雌性马鹿都比狍子大很多。马鹿生活在森林里，很少出现在开阔的空间。只有在山里、山区牧场里和高山牧场上会出现成群的马鹿一起吃草的画面。

马鹿的交配季

　　9月末和10月是马鹿的交配季节。这段时间里，雄性马鹿会为了争夺雌性马鹿而彼此决斗。它们用鹿角相互顶撞、推挤。最厉害的雄鹿可以在自己的身边召集一群雌鹿。得胜的雄鹿将和雌鹿在一起，直到冬天来临才分开回到各自的庇护所去。雌鹿们会待在一起过冬，等待春天的到来。

交配季之后，雌鹿们
离开雄鹿独自生活

雄性马鹿的搏斗伴随着马鹿
的交配期

年轻的马鹿，也就是小鹿

5月时，每一只雌鹿都会占据一小块属于自己的土地，在这里生下自己的宝宝。小鹿浅浅的花纹色与森林的草地完美地结合在一起。马鹿妈妈只会照顾它们很短的一段时间。在这段时间里，小鹿快速吮吸母乳填饱肚子，然后又回到自己的窝里。两周后，小鹿已经可以跟在妈妈身后了，甚至开始自己拔起一些嫩草——这将是它今后唯一的食物。小鹿到秋天就不再以母乳为食了，但马鹿妈妈的照顾要到春天才会结束，或许马鹿妈妈还会允许它们跟自己待一段时间，直到一批新的小鹿诞生。

西欧刺猬

学名： *Erinaceus europeus*
体长： 35厘米
体重： 1.2~2千克
寿命： 8~10年

刺猬的刺是由它的
毛发变形而来的

西欧刺猬
——两个种类

尽管每个人都认识刺猬，但不是所有人都知道，刺猬的死亡主要是人类活动造成的。很多人也认为，刺猬吃苹果，会把苹果放在自己的刺上运输，然而，这不是真的！是到了让我们进一步了解刺猬的时候了。今天我们主要介绍两种类型的刺猬。一种是欧洲刺猬，准确来说是西欧刺猬，还有一种是东欧刺猬。东欧刺猬胸部有白色的花纹。这两种类型的刺猬分界线在波兰西部。在一小部分地区这两种刺猬同时存在。

刺猬概述

成年刺猬的身体长度可达到35厘米，所以它们是以昆虫为食的哺乳动物中体积最大的。春天刺猬的体重低于1千克，而秋天可以达到2千克左右。

锋利的爪子

西欧刺猬

东欧刺猬

胸部有白色的
花纹

海鸥的蛋

刺猬的饮食

　　要度过漫长的冬天，刺猬就必须储备脂肪，所以在夏天快结束时，它们会暴饮暴食。它们吃蚯蚓、蜗牛、昆虫、青蛙和一些啮齿动物，它们很想挖到老鼠的窝，或者爬进在地面上筑巢的鸟窝，如果有小动物尸体，它们也不嫌弃。除此之外，它们还可以应付蛇，甚至是蝰蛇。许多刺猬在路边巡视，寻找被疾驰而过的车辆碾死的昆虫、鸟和哺乳动物。但遗憾的是，这样觅食时它们自己也可能死在车轮下。

在和成年刺猬的
决斗中，猫没有
一点胜算

刺猬的敌人们

　　保护植物的化学药物是刺猬的敌人，它们可能会在吃昆虫时把这些药物一起吃进肚子里。刺猬借助身上的刺以合适的方式，可以对付鹰鸮，但这种鸟并不常见，这和獾刚好相反。刺猬的天敌是獾。对于獾来说，刺猬的尖刺一点也不可怕，因为它们有锋利的长爪。成年的獾对于刺猬来说实在是个麻烦的敌人。

獾是刺猬的天敌

刺猬的繁殖

　　刺猬从冬眠中苏醒时，已经是春天了，此时的气温超过15摄氏度，刺猬首先会再次大量进食，然后开始它们的交配。雄性刺猬为了获得雌性刺猬的青睐而相互决斗，它们互相推来推去。胜利的刺猬可以接近这只雌性刺猬，但此时雌性刺猬已经被吓得缩成了一团，就像刺猬受到惊吓时常常做的样子。

小刺猬的刺是软的

刺猬宝宝

　　当一切都顺利完成后，经过两个月的怀孕，隐藏在干树枝堆下的刺猬窝迎来了新出生的刺猬宝宝。它们身上有一层刺，但还是软软的白色。这时它们只有约100根刺，这些刺是由毛发变形而来的（成年的刺猬约有5 000根刺）。

新出生的刺猬宝宝

求爱

　　在求爱时，雄性刺猬围着雌性刺猬疯狂地跳舞，一边跺脚一边用鼻子哼气。雄性刺猬靠近雌性刺猬时会非常小心，避免自己软软的肚子被弄伤。

36

年轻的刺猬有很强的好奇心

由于生长着独特的肌肉，刺猬们能够飞快地将身体卷起来蜷缩成一个小球状

秋天的捕食

　　如果秋天过后，刺猬的体重还没有超过700克，那刺猬就无法活着完成冬眠。冬眠常常在气温达到零下10摄氏度的数日后开始，所以刺猬会在秋天大量地觅食并且增肥。第二胎出生的小刺猬相比较早出生的小刺猬存活过冬天的可能性更小，但是如果春天来得很晚或是异常寒冷，第一胎出生的刺猬也无法活过冬眠。如果幸运的话，刺猬甚至能够活到15岁，但通常他们的寿命仅仅只有几年。

冬眠

　　刺猬正常情况下的体温能达到约36摄氏度，而在冬眠期间体温会下降到5~6摄氏度。刺猬必须为冬眠找到隐蔽的、安全的和温暖舒适的庇护场所，所以，花园里的树叶堆和干树枝堆成了刺猬冬眠的场所。

38

岩羚羊
——与山羊有血缘关系

如果你有机会去高山上游玩，岩羚羊是值得你去观察的动物。在欧洲的阿尔卑斯山上是最容易见到岩羚羊的地方，但是一般是岩羚羊的亚种。在东欧的塔特拉山上，居住着的可能是最美丽的，同时也是非常稀有的，长着弯曲角的哺乳动物大家族的亚种动物奶牛。岩羚羊和奶牛有着很远的亲缘关系，与山羊有着更近的亲缘关系。岩羚羊的多个亚种居住在独特的山带上。只有在比利牛斯山和亚平宁山脉会出现其他物种——比利牛斯山岩羚羊，这是不同于我们常看到的，但又非常相似的物种。

岩羚羊概述

岩羚羊的体型大小与家养山羊近似，在这里，我们说的是直立高度，即哺乳动物身体的肩胛骨所达到的最高点的高度，岩羚羊大约能达到90厘米高度。雄性的体型与雌性相比更大，体重也更重。在春天，所有岩羚羊都会暴瘦，比秋天轻很多。

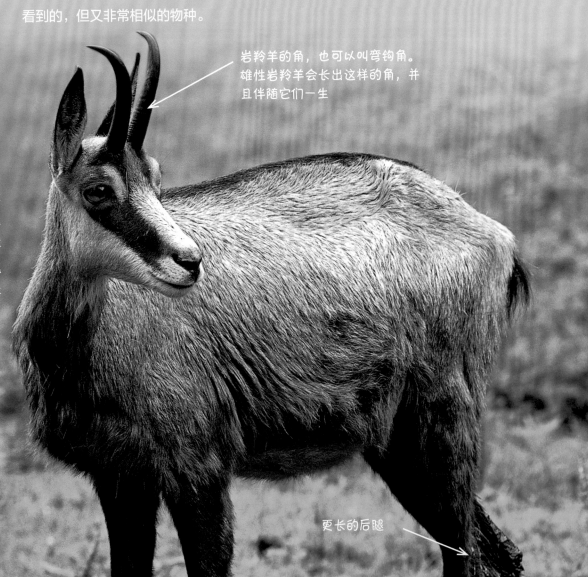

岩羚羊的角，也可以叫弯钩角。雄性岩羚羊会长出这样的角，并且伴随它们一生

更长的后腿

艰难的山上生活

　　岩羚羊的食物可以是任何我们能够在较高的山地遇到的植物，主要选择有青草、苔藓植物、地衣、蒲公英、越橘的笋、百里香和其他草药。岩羚羊也非常喜欢吃蘑菇，还有与其比较相似的番红花。在冬天时，岩羚羊会以山松的松针为食，它们还会咀嚼花楸的树皮。岩羚羊还能在白雪覆盖的土层中挖出少量风干的草。它们的体重不会很轻。它们的天敌是鹰、狐狸和狼。年幼的岩羚羊也要面临狐狸、獾和渡鸦等的袭击。虽然人们已经不再捕食岩羚羊，但是它们的皮毛仍旧具有价值，所以岩羚羊还必须注意猎人。捕猎岩羚羊并不容易，因为它们生存在山上最高的地带，这样的高度也让它们便于观察周围的一切。岩羚羊喜欢一动不动地趴卧在岩石之间，这样的话猎人就很难看到它们。此外，它们还有着绝佳的视力，能够区分几千米之外的游客和猎人。

如何观察

　　岩羚羊的种群，也就是成群的岩羚羊，通常由几只到十几只岩羚羊组成。想要观察它们，需要尽早待在山里，保持安静并且仔细观察高山草场。

更长的后腿

受惊的岩羚羊会发出尖锐的声响，并用小小的蹄子不断踢打。然后它们会逃到更高的地方，并躲藏在峭壁之间。岩羚羊蹄子的边沿坚硬而锋利，而内部是柔软的，这让它们可以轻易在光滑的表面立足。换句话说，岩羚羊的蹄子完全适应了在光滑的大块岩石上奔跑。

岩羚羊的后腿明显比前腿要长。这一特征能够让岩羚羊向山上快速逃跑，并且完成长距离的跳跃。在山坡上拔起低处的植物时，长长的后腿也给岩羚羊带来了便利。岩羚羊转头面向山顶站着，这样它就可以让自己更轻松地弯下身，同时后股可以做好随时逃跑的准备，以防不测。当岩羚羊下山时它们的长腿并没有任何帮助，所以这时羚羊会蹲伏着行走。

岩羚羊和野山羊都一样，不只是肉和毛皮有价值。在春天的时候，它们的胃里经常会出现坚硬的小球状物，这些小球由破损的毛皮和植物的筋络构成，洋溢着树脂的芳香。此外，这些小球可用于预防中毒，避免高山疾病的侵袭。

岩羚羊的一生

岩羚羊的发情时间为每年的10月和11月，此后，雌性岩羚羊会有一个持续24~26周的孕期，最早在来年5月的时候，小羊们就会来到这个世界上。虽然偶尔也会出现双胞胎，甚至罕见地出现三胞胎的情况，但岩羚羊基本都是一胎一崽。小羊有半年的时间处于岩羚羊妈妈的照顾之下，它们在第3年时进入可以繁殖的成年期。岩羚羊的寿命一般为15年，然而长寿者能活到25岁。它们的角——也就是弯钩角将会生长并且伴随它们一生。在刚开始可以独立生存时，岩羚羊的角是直的，后来它们会长出弯钩一样的弯角。

通过弯钩角的形状和大小，可以辨认出岩羚羊的年龄和性别。实际上这非常困难，尤其是观察待在高高的山里的岩羚羊，它们会像幽灵一样从观察者的眼中隐匿

反刍动物

黎明和黄昏是羚羊最集中捕食的时间。在其他时间它们都会以反刍已经吃进去的食物来度过。反刍对羚羊来说是非常重要的，因为当羚羊进食时，它们只咬断植物的茎秆然后马上将其吞掉。之后，在它们休息时，吃下去的食物会从其胃中一小份一小份地回到嘴里被完全咀嚼。在嚼碎之后食物再次被吞咽，但是这部分食物会去往胃的另一个部分。羚羊的胃和大部分反刍动物一样，有四个小室，这样的生理机制能让食物完全被消化。

欧洲鼹鼠

学名：*Talpa europea*
体重：120克
身长：17~20厘米
寿命：4~5年

鼹鼠
——有名的瞎子

不是所有人都见过活鼹鼠，但是所有人都认识鼹鼠。并非所有人都喜欢它，甚至可以说真正喜欢鼹鼠的人很少。通常，人们会觉得鼹鼠的体型比较大，因为它们制造出许多土丘般的小山口——也就是鼹鼠丘——这给花园和菜园造成了不小的灾难。实际上鼹鼠仅有15~20厘米的身长，而且体重只有100~120克，相当于只有半个玻璃水杯的大小。鼹鼠虽然小，却是严重的暴食者。

覆盖下被保护的双耳
特殊的皮肤褶皱和浓密的毛发保护着鼹鼠的双耳

浓密柔软的皮毛
在鼹鼠1平方厘米的皮肤上，生长着多达200根毛发，它们四散生长着

尖利的牙齿展现出鼹鼠的食肉特性

格外有力的前爪
对于鼹鼠来说，有力的前爪可以更容易适应地下生活

42

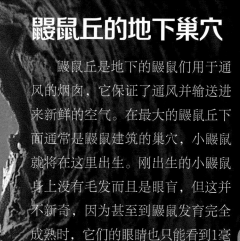

鼹鼠丘的地下巢穴

鼹鼠丘是地下的鼹鼠们用于通风的烟囱，它保证了通风并输送进来新鲜的空气。在最大的鼹鼠丘下面通常是鼹鼠建筑的巢穴，小鼹鼠就将在这里出生。刚出生的小鼹鼠身上没有毛发而且是眼盲，但这并不新奇，因为甚至到鼹鼠发育完全成熟时，它们的眼睛也只能看到1毫米内的东西。鼹鼠一胎会生2~7只的小鼹鼠，它们会在鼹鼠妈妈的照料下生长至秋天。到了第二年的春天时，小鼹鼠已经变得壮实，并且能够再生活四五年。离开鼹鼠妈妈的领地之后，小鼹鼠必须自己挖出地下通道的网路，并且每天花几个小时在其中巡查。

43

鼹鼠丘

在捕食4个小时后，吃饱了的鼹鼠进入了梦乡。它睡得非常沉，并且会打呼噜。在三四个小时的睡眠后，鼹鼠醒来，再次开始捕食，并且巡查自己的地下王国。一只鼹鼠的通道长度可以达到几百米，通常情况下是200米。一只鼹鼠个体的领地实际占地面积可以达到5 000平方米。

贪吃狂

鼹鼠在自己的领地会挖出宽宽的通道，通常鼹鼠会有规律地在其中巡逻，并从中捕捉其他小型动物，例如进入这些通道的蚯蚓、蜗牛、幼虫还有小老鼠、小青蛙。蚯蚓是其中最重要的食物。鼹鼠每天必须吃掉与自己体重一样多的食物。它们日夜捕食，因为身处黑暗的通道中，白天还是黑夜对它们来说并没有什么意义。鼹鼠的一切完全靠听觉，它们感受土地的脉搏，并且能够用味觉在自己的通道里定位昆虫的位置。

之前人们为了皮毛而猎捕鼹鼠，甚至会饲养鼹鼠，因为很少有动物长着这样浓密且柔软的皮毛

活动的食品储藏室

当鼹鼠找到过多的蚯蚓时，它会将这些蚯蚓当作食品储备。鼹鼠会咬伤蚯蚓的神经，这样蚯蚓会卷成紧密的小团，且不会死去，蚯蚓则在这种自身缠绕的姿势下等待着鼹鼠吃掉它们。

鼹鼠的爪非常小，但非常敏捷

冬日的活动

　　鼹鼠不会冬眠，但到冬天它们会转移到更深的土层去，具体位置在大约低于结冰处半米的土层处。在同样深度的土层里还有蚯蚓。成年的鼹鼠能够以每小时15米的速度挖出一条通道。它们异常敏捷，并且能够完全适应地下的生活。

有毒的肉

　　在部分书籍中，特别是绝地求生类的话题中，阐述了一些食用鼹鼠肉的问题。鼹鼠是少数不能吃的哺乳动物，甚至可以说是有毒的肉。其他哺乳动物也不会捕食鼹鼠，如果已经捕获了鼹鼠，它们也会留着而不会吃掉。对鸟类来说，有毒的鼹鼠则不会有什么影响，因为秃鹰和欧洲大雕就会捕食鼹鼠。

田园"捣蛋鬼"

　　鼹鼠对田地的打击是毁灭性的，所以，在园地耕作的时候我们必须将其赶走或者重新安置在别处。

穴兔

学名: *Oryctolagus cunciculus*
身长: 35~40厘米
体重: 0.7~3.5千克
寿命: 6~10年

花园里的兔子
——园丁的噩梦

花园里的穴兔简直就是园丁的噩梦，但对我来说，花园里有穴兔是一件非常棒的事！我的孩子会让它走进花园，穴兔小巧玲珑，像闪电一样快。当然，小穴兔还是要被人看管着比较好。

大不列颠岛上几乎到处都是毛色混杂的穴兔，公园里、高速公路旁、集中的贮藏站和森林的边上。当然，在花园里也有！在德国和荷兰也是一样的情况，穴兔在中世纪时被从伊比利亚半岛带到了中欧和大不列颠岛，所以对穴兔来说，四海皆为家。但不是所有地方都欢迎穴兔。在澳大利亚，穴兔甚至引起了生态危机。它们对于猎人来说很有吸引力，但现在很少有人捕食穴兔，在城市化的文明地区，这样的行为是完全被禁止的。

没有边界的
十字路口

穴兔曾经因为其多种毛色和小巧身躯而成为家养宠物中的宠儿。它们先天的机灵和温顺的天赋让人吃惊，所以它们被人们喜爱。出逃的家养兔子与野生的同族滞留在一起，并且通过杂交的方式传递彼此毛发的色泽。所以，划分家养兔子与野生兔子的边界很难，划分迷你兔与普通兔子的边界也很难。如果在我们的家里有兔子，这就是用来装点家庭的、为了娱乐而养的兔子，所以家养的兔子比起野生的兔子和农场养殖的兔子有着其他一些权利。按常理，这样的家养兔子都是迷你兔，然而这种小巧的兔子会被喂养过度，长成过大的体型。

兔子的美味佳肴——莴苣

漂亮的大眼睛让兔子在黑暗中也能看得清楚

以笼子为家

小兔子必须住在自己的笼子里。兔子的饮食必须多样化，除去干草和绿叶植物，还必须给兔子少量的枝干供其咀嚼，矿物质、维生素，还有弹丸形状的特别营养素也要作为必备的补充剂，在自动饮水器中还必须有稳定的水源供应。因为家养的兔子是非常脆弱和敏感的小动物，所以还要有每天被打扫一遍的厕所以及用来睡觉和躲进去的小巢穴。如果小兔子从自己的笼子里出来了，必须有对其额外的防护，尤其是针对黏液瘤病，这是野生兔子的一种危害性很大的疾病。

春天的青草非常美味，但是对于幼小的兔子来说，食用这些草可能导致消化障碍

48

在温暖晴朗的日子里，可以将兔笼和小兔子一起放在草坪上。小兔子会非常乐意从笼子里出来去进行稍远一些的旅行。在开始时，尤其是受到惊吓时，小兔子总想回到自己的笼子里。如果我们想为它们设立活动的范围界限，那半米就足够了，我们可以在地上安置小网眼的障碍物。一定要特别注意网眼是否能限制兔子的体型，因为小兔子还很小的时候可以穿过普通网状围栏的网眼，这一点让我们的邻居非常生气。网栏要在水平方向上保证兔子不会从地下打通道而越过围栏。这个围栏有半米的宽度就足够，还要在地下20~30厘米与围栏紧密相连。晚上，我们应该把小兔子带回家（通常它会自己回到笼子里）或者带到其他能够封闭起来的空间。夜间有许多捕食者潜伏着等待捕捉小兔子，有狐狸、貂、鸡、黄鼠狼、白毛皮貂、褐色猫头鹰，甚至还有狗和猫，所以将小兔子锁起来会更安全。

迷你兔必须住在笼子里

繁殖力的象征

从生态角度考虑，我们不应该让兔子不受控制地繁殖。成熟的雌性兔子，几乎每个月能孕育并产出5~10只小兔子，刚出生的兔子没有毛发并且眼盲，但是它们生长得飞快，1个月后就能在草地上奔跑了。它们的妈妈每年能生产4~6批后代，也就是说1年后小兔子将会有约50个兄弟姐妹。在下一个春天，它的姐妹们也开始生产。这就是为什么兔子能够成为繁殖的代表！

中世纪时期很流行在修道院附近养殖兔子。人们用封闭的围墙为兔子制造花园，然后利用养殖的盈余丰富餐桌。新生的兔子被当作法国僧侣们的稀有之物，并被认为是禁食的菜品。这种隔离封闭的养殖有利于增加兔子毛色的突变概率。渐渐地，这种情况不仅产生了多种不同毛色的品种，还对兔肉和皮毛进行培育改良。现代，为供应兔肉而养殖的兔子可以重达10千克，而其野生的先祖体重很少能够超过2千克。兔毛着色带来的财富是巨大的，用兔毛衍生了多种野生动物的毛皮仿制品。

养殖家兔及其培育毛色
带来的财富令人震惊

这不是兔穴

当我们把家养的宠物放到花园里时，要记得家养的动物应该住在家里。在花园里散步对它有好处，但是即使是最漂亮的兔子也不能在花园里永久居住，因为这样做花园将不再是花园，而是变成兔穴聚集地。

石貂

学名： *Martes foina*
身长： 45~53厘米
体重： 1.1~1.5千克
寿命： 8~10年

石貂

——制造麻烦的房客

谁有蜜蜂，谁就会有蜂蜜；谁有在森林边的房子，谁家的房檐下就会有鸟窝；要是谁的房子带了花园，那他的阁楼里面可能就藏着貂这种动物。关于貂我有很多想说的，因为我的很多朋友都遭遇了由这种越来越常见的哺乳动物造成的麻烦，而我至今还没有将他们中的任何一个成功解救出来。在讲解如何摆脱石貂之前，我先给大家介绍一下这种可爱的小动物。或许，有人并不想从自己的家里赶走它。

胸前是白色的，白色的皮毛从胸前分别一直延伸到前掌

更为人所知的名字是石貂

成年的石貂大约有50厘米长（包括长约25厘米的尾部）。它们拥有极其发达的五官，尤其是嗅觉和听觉。石貂擅长爬树和墙面，捕猎的时候能够无声地移动。通常情况下，石貂既隐秘又安静，所以没有人会注意到它

们。它们偶尔会在雪地里留下脚印，但人们总是会联想到猫的足迹；它们也经常好奇地咬断汽车的刹车线路和电线，或者在夜里像犯人一样鬼鬼祟祟地向窗户里偷看。当它们进入阁楼或者楼顶时会在地面上留下爪痕和污

渍，这就是它们活动过的踪迹。如果不在阁楼上留下狂欢后的残羹剩饭或者粪便，它们的生活将安然无忧，除了发情期。

石貂和松貂

专业人士将榉貂称为石貂，将林貂称为松貂。两者都和普通的猫一般大小。石貂在前颈和爪子上有一个白色的围兜，而松貂的下巴下面有一块橙色的毛皮。两者通常都在夜间活动。它们以比自己小的猎物为食，主要是啮齿动物和鸟类，但是它们却不敢招惹青蛙或者蜥蜴。有时候，它们甚至以甲虫为食，但它们真正的佳肴是甜甜的水果和蜂蜜。

松貂热衷于捕食松鼠，在树冠脆弱的树枝上疯狂追逐后抓住它们。石貂则喜欢以家鼠和田鼠为食，作为城市和农村的"居民"，它们也因此被当作是有益的动物。但是对于很多在城市以外拥有房屋的人来说，石貂又对他们造成严重困扰。正因如此，我们应该进一步认识这种动物。

珍贵的毛皮

冬天时，貂的皮毛密集又柔软，是皮草商心中的宝物。直到17世纪，貂皮仍然是中东欧地区的支付货币，在欧洲部分地区，"貂"是钱的同义词。到今天，比如在克罗地亚，貂依然印在钱币上，因此在那里依然用"貂"支付。既然"貂"和钱一样，那我们是不是也应该在阁楼上建设一个貂的小家庭呢？

51

在下巴下面有一块橙色的毛皮

甜甜的水果和蜂蜜是貂的佳肴

经常发生貂破坏汽车刹车线路和电路的事情。在有貂的地方需要更频繁地将汽车引擎盖打开检查

发情的叫声和其他困扰

处于发情期的貂会给人们带来严重的困扰。比如说一个人在夜晚的教堂里听到它们发情的叫声，他可能就会确信需要驱魔来赶走恶魔和妖怪。除了貂，在阁楼上安家的猫头鹰也被认为是恶魔的化身，当然，它们并没有和貂待在一起。

夏末时节，如果一个人家里的阁楼上有貂的话，他将不能在夜晚安睡。此外，貂还会破坏建筑的供暖系统和安保系统（对博物馆来说是严重的困扰），咬断电线和移动卫星天线。

在8月发情的困扰解决之后，雌性貂体内下一代的胚胎便开始孕育，但是这些胚胎在生命的初期便停止生长，它们在母亲的体内安睡着，等待着春天的到来。

貂宝宝

在冬天结束的时候，胚胎再一次开始发育，并且会越长越快。4月时，貂宝宝来到这个世界，它们出生在阁楼隐蔽而柔软的巢穴里、洞穴里、没有人注意的车库里或者是其他安静的地方。通常，一窝幼崽会有2~3只貂宝宝，少数情况下会有4只。

在老鼠泛滥成灾的年份，貂宝宝出生的数量极多；在啮齿动物数量最少的年份，貂宝宝的出生数量也是最低。由此可见，貂的数量是与啮齿动物数量的波动呈正相关关系。刚出生的貂宝宝是看不见东西，也无法独立存活的，但是3个月以后，它们就可以快速奔跑，不久后就可以独立生存了。到了7月，貂宝宝的妈妈会因为大量荷尔蒙的分泌再次进入发情期，所以这时候貂宝宝必须为自己找到一块狩猎区和一个安全的藏身之处。

具有威慑力的粪便

如果我们一定要将貂从我们的家园赶出去的话，最好也不要伤害它们。通常来说，堵住它们进入阁楼或者是进入其他闲置建筑物的通道都是摆脱它们的好办法。

我们该如何让貂放弃它们最爱的巢穴呢？答案是制造假象，显示出比它们更大的食肉动物已经造访了它们的"家"，比如狗的粪便，或者是更有杀伤力的山猫和狼的粪便。动物园总是会接到这种索取粪便的电话，其中最受欢迎的就是老虎的粪便。

很难说这种方法是否真的有效，但我曾经将貂的粪便放在鼹鼠的住处，并且成功让它相信自己需要搬出园子，寻找还未开发的区域。能够帮助赶走鼹鼠，这也是我们容忍貂在阁楼上安家的原因之一吧！

闲置建筑里貂的巢穴

扔到大河里还是……
喜欢上它们

　　如果像狼一样有威慑力的动物粪便不奏效的话，那就只能设陷阱抓到它们，并且有多远扔多远，最好把它们扔到大河里去。最好的引诱办法就是连续几天在陷阱里放上貂喜欢的食物。冬天最好的诱饵是新鲜的肉，或者一块带果酱的面包，如果再抹一些蜂蜜，那么没有哪只貂可以抵挡这种诱惑。

　　当诱饵消失了以后，我们打开陷阱，并且每天早晨检查。貂上钩后，我们必须迅速将它们从陷阱中拿出来，最大程度地避免它们紧张。在用汽车后备厢把它们运走之前，最好将陷阱装置裹上锡纸，以防止受惊的貂的排泄物沾到车厢内部。因为貂的气味非常难去除，甚至经过几周也不会消散。

　　无论如何，我还是希望大家喜欢上这种动物，并且把它们当作是繁忙的城市生活的一种馈赠。

发达的听觉、
视觉和嗅觉

高效的和无处不在的
捕猎者

狐狸

学名： *Vulpes vulpes*
身高： 40厘米
身长： 100~120厘米
体重： 5~8千克
寿命： 10~12年

狐狸
——狡猾的家伙和骗子

很难有什么哺乳动物比狐狸更频繁地出现在童话、传说、动画片和谚语里。爱耍诡计、阴谋家、狡猾的家伙和骗子，这就是人们给狐狸的定义。家禽饲养者讨厌这种无处不在的捕猎者，因为狐狸总是觊觎着他们的家禽，虽然狐狸的主要食物是树林和田地里的啮齿动物。

狡猾的狐狸，人们眼中的阴谋家和骗子

狐狸概述

狐狸的身高大约有40厘米，身长100~120厘米，包括长40~50厘米的尾巴。狐狸的身材健美，因为即使是发育完全的狐狸也仅仅重8千克。人们会觉得狐狸看起来比较大主要是因为它有厚实浓密的毛皮。

蓬松的毛皮

狐狸冬天的毛皮尤其长且密集，正因如此人们开始猎捕狐狸制作皮草，并且让这种交易愈加兴盛。以前的猎人总是戴着由棕色狐狸皮制成的带耳罩的大帽子，这种帽子被叫作狐狸帽

狐狸尾

这是狐狸的尾巴

花纹

白色的花纹在狐狸尾巴的末端

脚掌

这是狐狸的腿，腿的尾部呈黑色并且相对较短

如果运气好的话，我们可以在秋天或者冬天观察到狐狸是如何捕食老鼠和田鼠的。它一动不动地站在那里，竖起耳朵，然后用稍显奇怪的步子跳到高处，再扑向它早已盯上的猎物，即使猎物藏在草丛中或者雪地里，它也能一击命中。

领地

年轻的狐狸必须拥有自己的狩猎领地，为自己挖掘一个洞穴或者是找一个獾挖掘的洞穴都是它们常用的办法。它们通过腺体的分泌物标记自己的领地，这个腺体被称为臭腺，位于尾椎部位。狐狸的脚印纹路呈链状，又被称为带子。所以当狐狸快速奔跑的时候人们会说，滑头又在做带子了。

狐狸的脚印

狐狸在搜寻猎物时会四处张望

不喜欢雨水

喜欢游泳

杂食动物

　　狐狸属于食肉类犬科动物，但是它们也食用成熟的梨子等野果。狐狸不敢轻易招惹大型昆虫、青蛙和水蛇，但它们能够抓捕和吃掉所有在路上看见的能吃的东西。很多在孵化中的鸟类会被狐狸吃掉。冬天，狐狸通常也是腐肉的第一个"客人"。

十字狐

　　夏天狐狸通常是红褐色，冬天它们密集且垂顺的毛发开始生长，并且在毛发的末端呈现出浅色，所以冬天的狐狸看起来更像是灰色而不是红褐色。并不是所有的狐狸在尾巴的末端都有花纹，有的会在背脊上有深色的带状花纹。如果背脊上的带状条纹在两侧有延伸到四肢的分支的话，这就是罕见的十字狐。这种狐狸对猎人来说是非常珍贵的猎物。

邋遢鬼

狐狸的交配季节（即繁殖期）常在1月和2月，那时正值隆冬时节。交配季节时，雄性之间会为了争夺与雌性的交配权而战斗。雄性会向雌性展示它们的洞穴，如果雄性同时拥有几个洞穴的话那就更好了。随后，雌性会对洞穴进行改造，以适应自己的需要。

坚固的狐狸穴有多个出入口，带崽的小室藏在洞穴深处。令人遗憾的是，洞内的环境非常糟糕。狐狸将已经不能食用的残羹剩饭、猎物的骨头扔到洞穴附近，它们还经常把捡到的塑料瓶和树林里的烂抹布带回家。小狐狸从6周大的时候就经常跑出洞和这些"玩具"玩耍，白天也不例外。

学习

狐狸的孕期约为52天，所以在4月或者5月，小狐狸会来到世上。一胎一般会产下4~5只幼崽，特殊情况下甚至可以超过10只。刚出生的小狐狸看不到、听不见，也没有毛发，它们需要十分体贴的照顾。狐狸爸爸在这时候会给狐狸妈妈喂食，在小狐狸刚出生一周时，妈妈的奶水是唯一的养分。

小狐狸2周的时候就能看见东西了。到秋天的时候，它们就可以独立了，那时，它们必须离开父母的领地。在这之前，它们需要学会困难的捕猎手段以及潜行与躲藏的技巧。同时，它们也必须训练自己看、听、嗅的能力。灵敏的感官将会帮助它们度过自己的第一个冬天。

57

雌性狐狸

幼年狐狸

伶鼬

学名： *Mustella nivalis*
身长： 28厘米
体重： 100~150克
寿命： 3~6年

伶鼬瘦小的身躯以及独特的体型，使它能够轻易穿过最小的缝隙

58

伶鼬
——家族中最小的生物

伶鼬白天也会捕猎

人们把伶鼬、白鼬及雪貂搞混，有着非常悠久的历史。著名的画家列昂纳多·达·芬奇的名作《抱白貂的妇女》就介绍了抱雪貂（也就是被驯养的鼬）的妇人，但并非像许多艺术史课本中解说的那样，实际上，这个妇女抱着的是伶鼬。伶鼬是鼬属生物中最小的代表，最大的则是獾。伶鼬白天捕猎的时候，我们对它们进行观测是比较容易的。在啮齿动物总量丰富的年代，伶鼬几乎到处都是，比如房屋附近。但在啮齿动物减少后，伶鼬的数量也减少了，2008年的时候，伶鼬已经被列入濒危物种红色名录。

伶鼬概述

与白鼬相比，伶鼬没有黑色的尾巴，也没有像它的体型更大的表兄那样拥有闪耀的白色光泽。伶鼬的毛色夏冬差异较大。夏季，伶鼬的身体上部是浅棕色的，与它短短的尾巴颜色很接近。冬季，伶鼬的被毛是白色的。这是一种保护色，便于它隐藏在周边环境中。

冬天山里的伶鼬是最洁白的

毛皮的背面是浅棕色

下颌、颈部和腹部是白色

老鼠杀手

成年雌性伶鼬的体长不到30厘米。雄性伶鼬比雌性伶鼬身体更长一些，也比雌性吃得更多。成年雄性每天吃掉大约33克的猎物，也就是自身体重的四分之一，大约是3只中型的啮齿动物。雌性每天吃掉约25克的猎物，是自己体重的三分之一（也就是两只老鼠）。因此，伶鼬夫妇每天会吃掉5只啮齿动物。

一只伶鼬平均每年会吃掉1000只啮齿动物

短暂的寿命

虽然雌性伶鼬寿命的最长纪录为6岁，但实际上，雌性伶鼬的平均寿命不到1岁。雌性伶鼬的孕期为5周，每年会生产1~2胎，每胎都会有3~9只幼崽。雌性伶鼬独自照顾它们，在小伶鼬出生后的1~2周的时间里给喂食奶水，不过，出生两周后，小伶鼬就开始吃妈妈捕来的啮齿动物的肉了。在3~4个月后，它们会变得独立，离开母亲的管辖，寻找自己的对象。

吃和睡

伶鼬主要猎食啮齿动物，虽然对它们而言，鸟类的实力不容小觑，但它们也会毁坏巢穴，捕食鸟类。除此之外，蜥蜴、青蛙和大型昆虫也是它们的猎物。伶鼬是十分敏捷的捕食者，能够捕到野兔。伶鼬的身体形状使它能够轻易融入貂鼠之中。当它找到洞穴的主人时，就会吃掉它作为午餐，并睡在它的洞穴中。在醒来后，它会寻找到下一个洞穴的主人，吃掉后再睡觉。就这样，伶鼬会在日复一日寻找、吃饭、睡觉的状态中度过整整1年。不过，伶鼬的生活也不总是这么悠闲轻松。当啮齿动物的数量很少的时候，比如春天，它就得挨饿了。如果它一整天什么都不吃，就会在饥饿的梦中死去。

伶鼬与同科的其他物种的体长比较

松貂
53厘米

雪貂
45厘米

白鼬
33厘米

伶鼬
22厘米

驼鹿

学名: *Alces alces*
蜷缩高度: 150~235厘米
身长: 240~310厘米
重量: 400~750千克
寿命: 15~17年

幼年驼鹿

驼鹿

平静的巨人

　　雄性驼鹿是鹿科动物中最大的。雄性驼鹿体重可以超过400千克，不过，来自美国阿拉斯加州的雄性驼鹿可达到800千克。雌性驼鹿体重明显更轻，不过体形也庞大到令人钦佩。当你对它进行近距离观察时就会发现，它们虽然体型庞大，但几乎没有攻击性。

几乎不可见的
尾巴

有大量分支的
鹿角

驼鹿概述

这是一种强壮、有深色皮肤的动物，长腿、庞大的头和宽鼻孔。雄性驼鹿的鹿角分为不同的形状，有秸秆形，也有由许多分叉组成的铲形。

明显的悬挂在
颈下的胡子

雌鹿，
雄鹿的
配偶

冬天藏在矮丛林中

冬天，驼鹿会藏在矮丛林中，那里没有咆哮的风，也不会有人看到，它们在那里吃松枝、云杉枝以及被刮掉的山杨树的树皮，然后制造出数以千计的坚硬粪堆。成年雄鹿可高达2.5米以上，雌鹿则会比雄鹿低30~40厘米。

分叉的分支

早春的时候，雄鹿的鹿角会自动脱落。对于收藏爱好者和猎人来说，这是一件令人高兴的事。真正拥有大量分叉的鹿角，多迷人啊！

被丢弃的鹿角

沼泽之王

波兰的比尔布让沼泽是观测驼鹿最好的场所，那里同样值得你开始一次旅行。当我们进入其中一个景点，特别是在黑夜里走在那里的小路上时，我们的身边不知道从哪里会突然出现一只驼鹿，它们往往会在早晚活动。

驼鹿行动较为安静，不过看起来十分壮观。它能够在滑溜溜的地面上有风度地行走，而在森林中移动的时候几乎是悄无声息的

被咬断的松枝

驼鹿的粪便

波兰的坎皮诺思国家公园也是驼鹿极好的栖身地，公园里的许多地方都能够看到这些体态雄伟的动物，坎皮诺思国家公园也以此闻名。公园中巨大的森林群落是驼鹿最有可能会出现的地方，运气好一些就能够看到它们。如果你所在的地方是森林中的水塘或沼泽，或者是河谷地带长满了柳树和杨树的地方，那么你看到这些驼鹿的机会会更大一些。

河狸的合作伙伴

驼鹿最喜欢的食物就是新生的柳条。驼鹿会把胸部贴在树丛上啃食柳条。当柳树很矮的时候，被咬掉的树丛就会成一个半圆形。为了尽情地吃柳树枝，驼鹿与河狸形成了合作关系。这种啮齿动物会咬掉衰老的枝条，咬掉树皮，用来建河堤或是用于储存，当剩下的枝条上发了新芽，长出新柳条，驼鹿就会前来啃食，把树丛变成一个半圆形。看到这样子的树丛你就会知道，每条枝干都是被驼鹿咬掉的。

柳树枝条

细角鹿与宽角鹿

有一种长着短小鹿角的雄性驼鹿，仅仅有几个分叉，这样的雄性驼鹿叫作细角鹿。还有一种鹿拥有非常宽的鹿角，上面甚至可以长出十几个鹿角分支，这种雄性驼鹿叫作宽角鹿。雄性驼鹿在12~13岁的时候鹿角是最大的，随后角就会随着年龄越长越小。缺少了鹿角的雄性驼鹿看起来就像雌性驼鹿一样，因为这个原因，年老的雄性驼鹿常常被当作雌性驼鹿看待。

细鹿角

宽鹿角

新生带绒毛的鹿角

新生的鹿角会被一层短小的、毛绒绒的毛发覆盖住，这就是鹿茸，鹿茸一般会长到7月或者8月。随后，鹿茸逐渐长成鹿角，这让雄性驼鹿感到瘙痒异常，因此它们会非常烦躁。鹿角随着生长会逐渐变干，变得非常坚硬。这是非常重要的过程，因为到了9月雌性驼鹿的发情期时，雄性驼鹿会为了爱情而与同伴开战。

雄性驼鹿发情期

9月，雄性驼鹿会围绕森林转，并在晚上发出呼呼的声音寻找对手。这段时间叫作雄性驼鹿的发情期，与普通的鹿在10月到来的发情期是不一样的。

幼鹿

在36周的孕期后，雌性驼鹿会在5月左右产下1~2只幼鹿。它们会在出生后的4个月中吮吸雌性驼鹿的奶水，不过，小鹿在两周大的时候就已经可以灵活地吃植物了。雌性驼鹿会将幼鹿照料到第二年的春天，在2岁大的时候，小鹿就完全成熟了。

观察驼鹿需要谨记，它们是体型庞大又强壮的动物。照看着幼鹿的雌鹿可能会非常易怒，因此，不要太过接近驼鹿，走到它们能接受的地方就足够了

朋友，别恶作剧

警告大家，千万不要去模仿驼鹿求偶的声音，特别是在9月的晚上。这时候，容易激动的雄鹿并不能意识到这是人的恶作剧，而不是竞争对手的声音。我曾经犯了这个错误，最终，我在森林中度过了一个难以入眠的夜晚，观察驼鹿是如何踩踏我的帐篷的。

瑞典的科学研究不需要进入森林

瑞典的驼鹿非常多，汽车上都会配置警告动物用的特殊口哨，警察也会组织提示司机的行动。我曾经历过一次这种行动，警察要求我在一个巨大的驼鹿标本前停车，并让我花一些时间幻想一下，如果我的汽车撞上这样的一头驼鹿会发生什么。我想象了一下，并对驼鹿产生了敬重，不过我希望，我永远不会遇到这样的事。

缺少对手

驼鹿在非发情期也很自信，因为它们一般没有天敌。它们喜欢生活在湿地沼泽地区，虽然这个地区驼鹿和狼的数量都很多，但是狼已经不会捕食成年驼鹿了，因为狼缺少捕食如此巨大动物的合作能力，它们只会吃掉幼鹿。另外，普通鹿的数量也有很多，狼群根本不需要冒这个险，所以狼失去了捕食驼鹿的激情。

带来灾难的自信

人们并不会捕杀驼鹿，因此它们可以像印度的圣牛一样在森林中散步，或者从道路上慢慢地走过，然后带着好奇观察那些正在采摘蓝莓或是蘑菇的吵闹的动物。驼鹿这种自信也导致了灾难，由于这种行为经常让人们始料未及，因此越来越多的驼鹿在与车辆的碰撞中丧生。这种事故对车辆与人来说都有严重的结果，可造成人身伤害，非常可怕。道路工人因此开始在道路两旁修建灌木作为防卫措施，这是为了让司机能够及时注意到马路上的动物。

驼鹿不喜欢炎热与噪声，乐于进入水中，在游泳时有着令人惊讶的轻盈

小家鼠

学名： *Mus musculus*
身长： 10厘米
重量： 10~20克
寿命： 8~20月

小家鼠

小家鼠
——不受欢迎的对象

　　从文明的兴起，人类定居并和动物生活在同一屋檐下开始，这种体型较小、较为和善的动物就不被我们喜欢。它的出现引发了人类对雪貂和猫的驯化，因为这些动物会捕食它。小家鼠是哺乳动物中极为隐秘、难以观测的一种。它的拉丁语学名叫作*Mus musculus*，需要解释的是，*mus*这个词代表老鼠，*musculus*这个词却代表着肌肉。这是为什么呢？要提醒的是，这种小老鼠并不像其他同种类生物一样肌肉丰满，但却拥有与自己瘦小的身躯不相匹配的力量。*musculus*这个词是*mus*的小称，也就是代表着"小老鼠"。所以，小家鼠的拉丁语就是"有肌肉的小老鼠"的意思。

老鼠概述

　　小家鼠的身长能达到9~10厘米，尾巴比身子短1厘米。小家鼠的体重根据性别、年龄、生活环境的不同有所区别，一般能达到10~20克。不过秋天它们体重会上涨，甚至达到30克。小家鼠体表的颜色一般是灰色，肚子的颜色则更浅。德国小家鼠一般更具有攻击性。在脊背上有着黑色线条的是另一种——田原鼠。这些动物我们经常能在家里、凉亭或是花园中看到。

长耳朵

大眼睛

出色的嗅觉

极长的胡子

小白鼠

这种小型哺乳动物有许多特点，但由于各种各样的原因，它们总被当作有害生物，但实际上，老鼠对人类发展有巨大贡献，比如小白鼠。小白鼠作为医学调查、基因研究、化妆品过敏性测试、航天检测、推广检测以及其他大量调查的实验对象被人类养殖。如果不在实验过程中使用小白鼠，我们就很难完成与生物学相关的研究。在精神病领域，小白鼠甚至可以作为研究精神失常的重要实验对象。

实验室的小白鼠为解开人类许多疾病之谜做出了贡献

宠物鼠

在过去，宠物鼠是非常受欢迎的生物，当我们注意到这些白色的生物时，会捕捉它们，把它们看作奇怪的东西。早在公元前，宠物鼠就已经在中国和日本被人驯养了，而且主要是为了娱乐。

今天，不同种类、不同颜色的老鼠有着自己忠实的粉丝，而它们的主人会组建俱乐部，并举办最美丽老鼠的展览会。宠物鼠的饲养十分简单，它们的需求也较少。

它们能承受一切，甚至是宇宙空间

多亏了自身充满野性的祖先，老鼠的免疫力十分强大。它们能够在类似幽深的矿洞，或是冷藏库等最为奇怪的地方生存，因此，人类将它们送入宇宙，用以探测困难环境下生物功能的运行状况。对它们来说，一个合适的小胶囊和一点水分就足够了。

和善而聪明，却不为人所喜

老鼠被指责为带来危害与传播疾病的生物

超强的适应能力

老鼠能吃所有的东西。它们能一生都吃植物或是小动物，甚至可以消化黄油。在大西洋一个名叫高夫的岛上，有着一种群居的老鼠，它们会攻击信天翁的雏鸟，对岛内生态系统构成了极大的危害。很明显，老鼠捕杀这些雏鸟是为了维持生活，因为生活在这座岛上的老鼠数量实在是太多了。这种现象说明，老鼠作为哺乳动物适应环境的能力是超强的。

它们繁殖迅速，能够在短时间创造出一个大群体

大家庭

3个月大的时候，老鼠就已经性成熟并开始繁殖了。老鼠的孕期仅有21天。一胎一般最多只有10只幼崽，因为母老鼠只有那么多的乳头。老鼠1年中能够产出5~10胎，繁殖可以持续一整年。在繁衍期结束的时候，这个家族创始人的曾孙都会来到这个世界上，而它的子孙数量在第一胎出生的1年后能够达到1 000只。幸运的是，这只是理论上的可能，就算每10只幼崽中有5只雌性老鼠，它们中的第一胎也会在3个月大的时候因为空间限制而死去。

幼崽出生的时候是无毛且不能视物的，重约10克。2周左右大的时候能够睁开眼睛，这之后10天会停止吮吸母亲的乳汁，并开始自行捕捉猎物。老鼠的平均寿命只有几个月，但是其中幸运的能够活18~20个月。现在，观察到的老鼠寿命纪录保持者为4年

实验用裸鼠曾被用于化妆品检测

包含信息的老鼠气味

老鼠的尿聚集了大量物质，所以有很强烈的气味。这种气味非常独特，我们称之为老鼠的气味。它与人患上苯丙酮尿症的味道类似，这是一种严重的代谢异常症状。

这是一种与领地相关的行为，让家鼠变得更集体化。通过这种强烈的气味，它们可以标记自己的领地。鼠群中的等级制度还是极少为人所知。尿液中的信息包括了生物个体的社会身份地位，以及它的心情和激素状态。不过，对我们而言，这也只是一种"老鼠的气味"。

自然界中同样会发生老鼠颜色突变

老鼠的勇气

我们经常被角落中的老鼠吓到，但实际上，有些时候它们只是在进行善意的表达。当它的尾巴立着时，就表示它希望我们注意到它们而不是害怕它们；当它们焦急地用尾巴撞地时，就表示它在提醒我们即将到来的危险。由此可见，它们拥有超乎寻常的勇气。

69

度过冬天

丰收后不久，老鼠就会离开自己挖了许多洞穴的田野和花园，寻找更加安全的藏身之地。到那时，它们就会出现在房屋、凉亭、车库以及仓库中。不过，在第一次霜冻到来的时候，它们还会进行第二次大批量迁离。因为它们住的洞穴虽然被遮盖得很好，但还是极为寒冷，已经无法满足取暖的需要。如果想要熬过这种低温，它们就必须找个温暖的地方。但是，即使在冬天，老鼠们也不会停止繁殖。老鼠在凌晨以及黄昏的时候特别活跃，但白天会睡12~13个小时。一天中的其余时间，它们会进行社会性活动并寻找食物。当然，也会在人们的储物间玩耍打闹。

棕熊

学名： *Ursus arctos*
站立高度： 120~160厘米
重量： 200~600 千克
寿命： 20~40年

棕熊
——关于熊的几个真相

很难再有动物像棕熊一样在人类心中建立起如此不同的感情形象。它是森林中最大的捕食者之一。过去，欧洲山区的居民们十分害怕棕熊，从来不说出它的名字，只是用"它"来代称，谈到它的时候几乎就像在谈论神。人们不允许称呼它的名字，就像谚语里说的"不要从森林里叫出来一匹狼"，即是不要乌鸦嘴的意思。在城市中，孩子们则会收到毛茸茸的玩具熊礼物，从小就听说泰迪熊、维尼熊或是其他欢乐小熊的童话故事，这些故事很容易造成大众对棕熊的误解。而它们未来的命运掌握在我们每个人的手中，尤其是那些参观山区的游客。

双足裸露，
皮肤坚硬

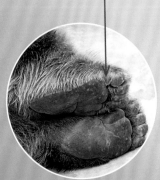

非凡的听力

绝佳的嗅觉

棕色的毛发
在冬天颜色会变得
更浅

非常坚硬的脚掌
拥有长达7厘米的爪子，
这使它能够在木质结构上
便利地行走

棕熊喜欢水，在炎热的天气喜欢在水中玩耍，甚至会在山间的溪流中捕鱼

游客准则

棕熊的命运取决于游客的智慧以及是否遵循人类制定的行为准则。这些准则包括不要离开规划的路线，把所有垃圾带离，不要向它们喂食，也不要捕捉它们。

熊的悲惨命运

许多年前，在欧洲，游客会用石头去砸年轻的棕熊。一开始，游客会投喂这些棕熊，不过，一旦棕熊表露出不耐烦的样子，人们就会在恐惧的驱使下杀掉它，这种行为缩短了棕熊的生命。当小熊出现在小路边上的时候，游客就会拿出食物，它们如果要攻击人类，游客就会用食物安抚它们并将它们带到远离人烟的地方。如果小熊回到自己的家园后，还恐吓人类，就会被关进动物园或是被杀掉。另外，这些棕熊不热衷于繁衍后代，十几年后也许就会灭绝了。

被照顾的棕熊

来到这个世界的时候，棕熊体长约有30厘米，体重约有0.5千克。出生3周后能够睁眼。春天过后，也就是在它们3个月大的时候，棕熊的体重就能够达到10千克了，这之后小熊就会离开冬季搭建的巢穴。在这之前，它们只吮吸母亲的乳汁，而它们的母亲在哺乳期间却一点东西都不吃。因此，在秋天时，小熊必须努力学会搜集食物，在皮肤下层聚集最丰富的油脂，这些油脂给它们提供继续成长的养分。接下来的两年，它们都要在母亲的照料下长大。

幼年棕熊会用大量时间玩耍

艰难的青年期

棕熊的发情期在每年的4月。雌性棕熊每年发情1~2次。孕期约为7个月，因此雌性棕熊多会在冬季中期产子，1月产子是最常见的。幼年棕熊在第二年年末的时候会独立起来。到那时，它们的母亲会再次独自搭建一个冬季巢穴，并产下新的后代。独立后的棕熊必须独自捕猎，并在秋天找到一个温暖舒适的巢穴。遗憾的是，这些在秋天舒适的地方到了冬天或许就会变成滑雪道。到那时棕熊们就有麻烦了。对于护林员们来说也是一样。

如果年轻的棕熊安全地度过了青年期，在它们4~5岁大的时候就完全性成熟了（雌性会更早一些）。雄性棕熊性成熟后会重达400千克，雌性一般也会超过200千克。

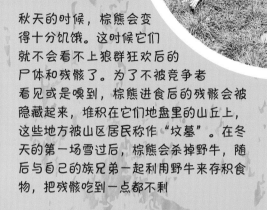

秋天的时候，棕熊会变得十分饥饿。这时候它们就不会看不上狼群狂欢后的尸体和残骸了。为了不被竞争者看见或是嗅到，棕熊进食后的残骸会被隐藏起来，堆积在它们地盘里的山丘上，这些地方被山区居民称作"坟墓"。在冬天的第一场雪过后，棕熊会杀掉野牛，随后与自己的族兄弟一起利用野牛来存积食物，把残骸吃到一点都不剩

巢穴里的冬眠

刚入冬的时候，棕熊就准备好过冬的窝了，它们会把树枝和干草垫在里面，然后开始冬眠。冬眠期会从12月到第二年的3月，有时候甚至会到4月。棕熊冬眠的长度取决于巢穴的舒适程度。天气转暖的时候，它们就会离开巢穴并大量囤积食物。雌性棕熊会与冬季中期出生的幼年棕熊一起离开。因此，冬眠时雌性棕熊不会睡得太深，因为在冬眠期内它们会产子并抚养幼崽，雌性棕熊一胎一般会生1~2只幼崽，出现3只幼崽的情况极其罕见。

棕熊的习性

棕熊是一种野性极强的杂食动物。棕熊的嗅觉、听觉与狗的一样好，善于发现食物；此外，棕熊还非常细心、神秘，十分擅长躲避人类。它们喜欢安静，蓝莓、昆虫幼虫和蜂蜜是最喜欢的食物。在秋天，它们会捕食仔鼠、幼鹿和羊羔，也会捕食大型动物，甚至成年鹿。棕熊还喜欢在暴风雨的夜晚捕食农场里养殖的动物。对它来说，糟糕的天气不会成为阻碍，恰恰相反，因为大雨倾盆的声音和雷鸣会造成动物的恐慌，它可以轻松捕杀目标猎物。

充满野性的棕熊

虽然已经不止一个牧羊人失去了自己的羔羊，也不止一个养蜂人失去了自己的蜂巢，但山区的居民都知道如何在熊的面前保证自己的安全。依赖自然生存的人更知道，自己不能够抱怨风、雨和寒冷，因为这些就是自然的元素。同样的，人们也不能去抱怨棕熊，因为茂密的丛林就是令人不受伤害的最高提醒，就像电气系统故障的提醒。但有些游客是不理解这些的，他们想进一步体验自然，却没有意识到自己正被引诱到棕熊的巢穴之中，当游客回过神来时，可能已经受到棕熊的巨力造成的伤害。

棕熊前爪的印迹展现了爪的长度

在水中嬉戏是棕熊最喜欢的娱乐活动

漫长的冬眠也是它们的最爱

给棕熊"帮倒忙"

在动物园中，棕熊能够存活约40年，在野外，只要它们不攻击游客、不被捕杀、也不在路上遭遇意外、被非法捕杀或是中毒，则能够存活25~30年，这两者巨大的寿命差距告诉我们，在野外的棕熊缺乏轻松的生活环境，需要更细致的关照。投喂棕熊就是一种典型的"帮倒忙"的行为。在春天，我们如果到山区郊游，千万不要攻击棕熊。对了，请谨记，棕熊站起来的时候，并不是想要和我们共舞一曲，也不是想要攻击我们，它只是在吸鼻子而已。

它们还热衷于爬树

猞猁

学名： *Lynx lynx*
身高： 50~75厘米
体长： 100~150厘米
体重： 12~35千克
寿命： 14~17年

猞猁
——神秘的疾风

猞猁的行为模式与猫很类似，所以我们有时候也叫它山猫

很多人都知道猞猁的样子，但只有极少一部分人真的在森林里见过它。就算是林区的居民，在森林中待很长一段时间，也只能偶然看到它们。我看到过几十次它们的足迹，却从来没有真的在林中小路上看到过它们的身影。

猞猁在树上行走如鱼得水

76

猞猁概述

猞猁的颜色会根据季节与出生地发生变化。夏天的猞猁是偏黄褐色的，冬天的猞猁则更偏向灰色。山区的猞猁身上有着丰富的黑色斑点，低地的猞猁则几乎是完全棕黄色的。耳尖的簇毛与胡子是成年猞猁的装饰物，这些特征在年轻猞猁身上更明显。即便是青年期的猞猁也拥有极其出色的灵活性、敏捷性和非凡的魅力。

猞猁是拥有敏锐的视力、绝佳的听力和超凡的嗅觉的猎手。能够在地面无声地行走，也能灵活地攀爬树枝

直立的耳朵上有着簇毛

拥有优秀隔热能力的毛皮

突出的爪子

宽广、柔软的爪子前端使猞猁能够无声地潜行

用男中音呼噜呼噜叫

　　当我在马祖里亚森林里和家养猞猁散步时，从来没有遇到过它跑在我前面躲起来，等我来了就跳出来扑向我，开玩笑似地用它那大脚掌拍我的裤腿的情形。猞猁有着出色的嗅觉、听觉和视觉。它们会在黑暗中移动，用魔鬼一般的速度爬上树权，并且可以横向、竖向跳跃好几米。但它们却讨厌水，连水珠都会避开，而面对熟悉的人时，它们又会像猫儿一样呼噜呼噜叫。想象一下，一只大猫用男中音打呼噜的样子。

不喜欢鸟儿

猞猁一般生活在山区森林以及原始森林里。但是不管在哪儿，它们的数量都不多。它们会避开人、噪音以及那些家畜。鸟儿对于它们来说就是噩梦，它们与狼分享着同一片地区，狼每天的主食就是这些飞来飞去的鸟儿，但猞猁从来都不碰鸟肉。

你可以想象你与一只猞猁在森林里相遇，但是美梦成真的没有几个。所以最好还是放弃追寻这种胆小的大猫的足迹吧，带着对大自然的敬畏好好想一想，在大自然中还有哪些它们生存的地方。

猞猁的足印 →

短短的尾巴几乎一刻不停地在动 ↗

广阔的活动领域

成年的猞猁必须平均每5天捕猎一次。带着幼崽的母猞猁每两天就会杀死一头狍子或者马鹿。年幼的猞猁在独立的过程中会吃较多的啮齿动物，因为那时它们只能捕捉这些小动物；捕猎狍子还需要慢慢学习。为了维持森林中猞猁的数量，就必须要让森林中拥有更多数量的狍子和马鹿。此外，猞猁还必须要有很广阔的森林，同时也得色彩丰富，资源丰富，当然更需要安静。成年猞猁的活动领地甚至可以达到300平方千米。雌性猞猁的活动领地则会缩小一半，而且当它发现领地中出现了其他猞猁时，就会立刻出来捍卫自己的领地，雌性猞猁显得比雄性更小心眼。

对大自然的帮助

人们一直在进行着增加原始森林里猞猁数量的工作。人们构想出一种新型驯养方法并在当地的猞猁身上进行了试验，结果表明这是一个增加濒危大型掠食动物数量的最有效方法，这种新型驯养方法被专家们称为"生来即野性"。

利用这种方法驯养的幼崽会出生在野生森林深处——当然，这片地方是被围起来的，且颇为寂静。

由于它们在森林里出生，所以从小就有接触森林的机会，熟悉周边的大自然。渐渐地，它们对于自由的渴望会让自己变为真正的野生动物。现在，这种新型的驯养方法拥有越来越多的支持者，因为这不只增加了猞猁的数量，同时还能增加其他种类动物的数量。

现在，能留给猞猁的生存空间已经不多了。但专家们还在利用专门的发射器来寻找猞猁生活和游荡过的足迹，多亏了这些专家，我们才能了解到这么多关于这些行踪隐秘动物的信息。

猞猁的菜单

占据猞猁食物菜单的主要内容有：狍子、马鹿幼崽、野兔和啮齿动物。有时它们也抓花尾榛鸡，或者把欧洲知更鸟的巢穴洗劫一空，但是它们最爱的还是狍子。它们会先吃大腿和腰部的嫩肉，持续几天的盛宴后，它们会把猎物的前半身剩下。每次用餐过后，猞猁都会把残羹冷炙小心翼翼地埋起来，盖上树枝叶子或者铺上一层雪。

3月，交配的季节

就像平常的猫一样，在3月猞猁也开始繁育后代。有时候2月份它们就开始了。在那段时间里雄性猞猁非常好动，经常走街串巷，拜访邻居的地盘。在怀孕66~70天之后，母猞猁就会生下2~3只幼崽，少数情况会生出4只。猞猁母亲会在从狐狸或者獾那里抢来的地下洞穴生下小猞猁，有时也会选择大大的树洞和宽一些的岩石缝隙。

困难重重的独立

1年快结束的时候，年幼的猞猁已经开始接触伏击猎物的技巧，但是母亲还要照顾它们到来年2月，直到下次发情期到来。此后，年幼的猞猁只能依靠自己了。但是在下一窝小猞猁降临世界之前，它们还是可以待在母亲身边的。在这期间，如果有需要，它们可以吃母亲捕来的剩余猎物。比起儿子，女儿更能讨得母亲的欢心。刚成年的生活总是不易，还有许许多多的猞猁在成年独立阶段便命丧黄泉。当这些年轻的猞猁决定要远行时，雄性猞猁受到外界的威胁更多。它们有可能会被饿死、病死、意外死亡——比如变成偷猎者手下的牺牲品。

猞猁母亲会照顾小猞猁1年的时间，直到产下下一窝小猞猁

狍子

学名： *Capreolus pygargus*
身高： 60~90厘米
身长： 95~140厘米
体重： 15~35千克
寿命： 5~12年

狍子
——温和又另类难测

狍子是非常常见的野生动物。在中国的中部、西南部、西北部、东北部，你都能看到狍子的身影。如果你到了欧洲，会发现整个欧洲都能够碰见狍子，除了爱尔兰和冰岛。在斯堪的纳维亚狍子只生活在南部，而在西班牙狍子只生活在北部。这一切都说明，狍子的可塑性非常高。

狍子概述

雄性狍子一般是有角的，它们的角像山羊一样，又短又直，雌性狍子则没有角。狍子的幼崽被称为狍崽子。在动物群中和狍子有最近亲缘关系的是马鹿，当然，马鹿要比狍子大得多。我经常碰到把这两种动物弄混的人，他们总是认为狍子就是幼年马鹿或者是雌性马鹿。马鹿比狍子要重10倍，而且在体型上也要大得多，马鹿大多群居在丛林里，而如果你居住的地方靠近山区，在一些小树林里就能够遇见狍子。

雌性狍子

听觉极其灵敏

不显眼的尾巴

白屁股

长长的四肢被叫作"传感器"

雄狍子

鹿茸

我们可以通过狍子角来辨别雄性狍子，不标准的叫法是鹿角，其在10月或11月的时候会脱落。春天时狍子的头上就开始长出肉芽，外面是一层皮，就叫作鹿茸。在5月的时候肉芽逐渐长成型，渐渐骨化，外皮褪掉的时候鹿角就长成啦！当然，褪下的外皮，狍子马上就会吃掉。狍子在清洁鹿茸的时候经常会蹭小树干或者灌木丛。当这些地方明显被踩出了一片空地时，就说明之前狍子在这里进行了自我清洁。

冬天狍子会以群居的方式生活，聚起来的群叫作小鹿群

分出了两个叉的鹿角我们叫作两叉鹿角

狍子的内眼角有嗅觉器官

雄性狍子

辨雌雄

冬天，有两种方式区分雄性狍子（那个时候它们还没有角）和雌性狍子。站立着或进食的雄性身上能够看到下垂的"画笔"，也就是有长毛覆盖的尿道出口。正在逃跑的狍子会不停地翘起尾巴露出白色的毛，也就是我们所说的白屁股。雌性身上的白屁股在底部有一片红色的区域，称为"小围裙"，我们也会叫它"小裙子"。

雄性的年龄

当鹿茸褪去外面的那一层皮后，新的角就形成了，它会随着狍子的年龄而增大、增厚，会长有更厚的表面铜色的角质层。成年有角狍子中，雄性的角一般有3个分叉：主干、前枝和后枝。才1年的年轻雄性的角薄薄的、尖尖的，没有分叉，因此会被叫作"针"。老年雄性也会有像年轻雄性那样的角，但它们额头的颜色会更浅，不像年轻雄性额头的颜色那样深，多亏这些我们才能正确地划分雄性狍子的年龄。

带着"小围裙"的白屁股

小狍子们

雌性狍子一胎会生1~2只小狍子。比较正常的是生1只，特殊情况下会生3只。小狍子刚出生时一般只有1千克多一点，而且在出生的第一天它们还不会动，只能靠母亲来喂养。在第一周内小狍子们只靠母乳喂养，为了1个月后能够断乳，在第二周以后它们就会学着一点点地进食绿色植物。它们在冬天就能够独立，但是会跟着母亲直到来年的春天。

小狍子吃妈妈的奶

小狍子在出生后的最初几天会在掩护下等待妈妈。当我们在森林中不小心碰到了这些小狍子时，不应该碰它们，因为这样会在它们身上留下人类的气味，破坏了它们躲避掠食者的天然屏障

被选中的植物

狍子能吃的植物有70多种。狍子专挑单个的叶子和嫩芽啃食，还会有选择地吃让它们有食欲的植物。这些植物有一半都是草药，有四分之一是草和灌木丛的嫩芽。当我们在狍子进食过的地方查看时，会很难发现它们用餐的证据。成年狍子每天吃2~4千克的植物。每次用餐完毕它们都会躲起来，再一次咀嚼已经吃过的食物。白天狍子的活跃时间段有两个：黎明后和天黑前。夏天许多狍子也会在夜间进食，而冬天它们则会选择在中午进食。

休眠的早期胚胎

冬天聚起来的狍子群在春天的时候就会四散开来。5月的时候雌性狍子就会产下小狍子，而雄性则会划分领地并且在擦拭鹿角后互相挑战。这些大大小小的冲突在7月的时候更多，因为发情期到了。有关狍子发情期和怀孕时长的问题一直是争议最多的。直到最近新研究才证明，7月受精之后，受精卵在子宫里只会生长两个星期到早期胚胎的状态，也就是直径0.1毫米的囊泡，能逃得过生物学家的眼睛也无可厚非。接下来一直到12月胚胎都处于"休眠状态"。过了这个状态之后就开始正常生长，为5个月后的降生做准备。所以这样计算下来雌性狍子的孕期为9个月15天，但是胎儿真正发育的时间只有5个月。

寿命

虽然狍子有很多天敌，经常会被车撞，经常被偷猎者和猎人杀害，但是在一些地区，这个物种的数量正在稳步增加。普通的狍子能活几年，而最长寿的能活到15~17年。在动物园甚至出现了活到25岁的狍子。为了保持这个种族的延续性，应该多放置一些在平原上的庇护所，也就是浓密的灌木丛，这样既可以供狍子食用也可当作狍子的庇护所。

83

没必要的奔跑

狍子在冬天的加餐是由森林工作人员和猎人负责的，如果你遇到狍子，最好不要去投喂，因为如果这样做，我们就会把狍子引到对它们来说不安全的地方。当我们带狗出来散步时，一定要拴上绳子，因为追着狍子跑对于狗狗们来说是很好玩的，然而对于狍子来说，这样的奔跑会消耗很大的能量，为严冬储备的能量多少决定了它们能否存活到春天。

每隔几个小时狍子都会从躲避的场所中出来觅食

逃跑的时候它们的速度很快，并且能一下跳得很远

逃跑是狍子的自我保护策略

土拨鼠

学名：*Marmota*

身长：2~54厘米

体重：2~7千克

寿命：15~18年

84

土拨鼠
——没有土拨鼠的土拨鼠节

"2月2日，在圣烛节那天。"当写这些的时候，我首先想到的动物就是土拨鼠。为什么呢？原因很简单，因为在美国，这一天不仅仅是宗教节日，也是土拨鼠日。在庞斯塔维尼镇，有很多美国电视台的摄像机都聚焦在菲尔身上，菲尔其实是一只会提早报知春天的土拨鼠。如果它不是土拨鼠的话，这种做法可能毫无意义，而它是土拨鼠，意义可就大不相同了。从冬眠的洞中爬出来的目的可不是为了欢迎一大群围着的人和摄像机，它是为了叫醒临洞里更多的雌性土拨鼠。菲尔进了一个洞接一个洞，在交配过程中挨个把它们叫醒。起得最早的那一个，叫醒最多雌性的那一只土拨鼠，镇上的居民就会叫它菲尔。

土拨鼠概述

土拨鼠属于哺乳纲啮齿目的松鼠科，有着发达的躯干和与老鼠一样大小的脑袋。身体的毛色从铜褐色到黑褐色不等，腹部的颜色要淡得多。嘴两边有能感应的毛发，叫作触须，长达8厘米。前脚掌善于抓捕，有4个趾头。后脚掌每只有5个趾头，每个趾头上面都有尖尖的指甲。

壮实的身体覆盖着厚厚的皮毛

短短的耳朵藏在了毛里

尾巴尖是黑的

那是美洲旱獭

菲尔不一定是土拨鼠，它有可能是另一个完全不同的物种。美洲旱獭部分习性与土拨鼠相同，那一天也可以叫"旱獭日"。当然，它与土拨鼠有血缘关系，但是与土拨鼠有血缘关系的不仅仅只有旱獭，还有囊地鼠、草原犬鼠，等等。土拨鼠在4月的时候才会陆续醒来，那时候就可以站在小山坡的高处去观察它们。

真正的土拨鼠

真正的土拨鼠是高山土拨鼠，会出现在塔特拉山、阿尔卑斯山、比利牛斯山以及东南亚的高山上。土拨鼠一般群聚生活，这样的生活习惯就把它们和美洲旱獭区别开来了。成年的土拨鼠能够长成野兔大小，但是土拨鼠的腿要比野兔短，更矮胖和壮实。

高山土拨鼠

合法的脂肪获取

人类用法律将土拨鼠保护起来，不许猎杀，所以现在土拨鼠越来越多、随处可见就不足为奇了。在奥地利，人们甚至专门饲养土拨鼠来获取它们的脂肪，过去，获取脂肪是人们猎杀土拨鼠的最主要原因。人们认为土拨鼠的脂肪包治百病。现在，你要是相信这个说法，仍旧可以借去阿尔卑斯山旅游的机会合法地买一罐儿回来试试看。

它们很敏感，一直都是小心翼翼的。没过一会儿，它们就会像杆子一样站着，以便环视四周的情况

土拨鼠会包……

我曾经到奥地利境内阿尔卑斯山的某个山间夜宿，这旁边有一条宽大的冰河。为了观察土拨鼠，我坐在了离停车的地方很近的一块大石头上。眼前的场景让我感到非常震惊，于是，我叫同行的朋友也来看看，是不是我眼花了，但是他们证实我看到的就是事实。孩子们在喂土拨鼠咸的手指饼和薯片。其中一只土拨鼠嘴里还叼着一板巧克力，它时不时地打开铝纸，瞧一瞧里面的巧克力，看完之后再一点点地用它的小爪子把巧克力包回去，叼着走出几米之后又一次打开来看看铝纸里面装了什么。这感觉就像是它知道铝纸里面包着重要的东西，但是还不确定能不能吃。整个过程中，土拨鼠的表情都不太好。一方面这很搞笑，因为我们之前看过一个巧克力的电视广告，里面出现过一只正在打开巧克力外包装的土拨鼠；而另一方面我们又很担心，因为巧克力肯定对土拨鼠这种吃货是有害的。这种广告的另一个危险之处在于，似乎在告诉人们可以安心地与野生土拨鼠打交道。然而实际上，野生的土拨鼠和旱獭这些啮齿动物都是潜在的病毒和细菌传播者。所以，小朋友千万不要去喂食野生的土拨鼠。

雪地中的观察

如果你在4月的时候来塔特拉山或者阿尔卑斯山间漫步，仔细观察土拨鼠是一件非常有价值的事情。观察的时候使用8倍望远镜就足够了，当然最好还是有三脚架的高倍望远镜。为了能够观察到山间第一批醒来的土拨鼠，应该提前在雪地里找到黄色扇形斑点。这个扇形斑点最窄的那一头就是土拨鼠的洞穴。当雪都融化的时候，寻找土拨鼠的洞穴就会困难很多，但是在阴影下面休息几分钟，细心的观察者们就能够注意到土拨鼠的踪迹。

奥地利的土拨鼠

在奥地利，观察土拨鼠要容易得多，而且越高越容易。那里的土拨鼠并不怕人类，经常威风凛凛地横穿马路，在游人的相机前悠游自在地吃着自己的东西。它们的天敌只有时不时出现在天空中的鹰。虽然鹰离它们很远，但是土拨鼠为了以防万一，每次都会先不动，过一会儿迅速窜到洞穴里。

土拨鼠的噩梦：游客

想要观察土拨鼠，可以在春天或者夏天的时候去塔特拉国家公园的山道上。更深入的观察能清楚地展现土拨鼠的生活细节。但有些时候，游客会对这些生物的生活造成困扰。一群正在进食的土拨鼠由一位"警卫员"看守，在"警卫员"敏感的视线下，土拨鼠们会把草丛中最鲜嫩的草挑出来细细品尝。年轻的土拨鼠有时会突然抖一下，就好像被跳蚤咬了一下，又好像在阳光下打了一个盹一样。游客还没有来时，土拨鼠过的就是这种无忧无虑的生活。

要打乱这种恬静只要旅客说一句话，大喊一声或者从人行道上走下来就足够了。一眨眼的工夫整个土拨鼠群都躲到了洞里，要等到很久以后才会有一位勇士探出头来四处张望一下，随后土拨鼠们会跟着这位勇士一个一个地爬出来。还要再过一段时间它们才会开始进食，年轻的土拨鼠们这时才算镇定下来了。如果这时又过来一群游客，"大逃亡"又开始了，然后又一次小心翼翼地从洞里出来。

土拨鼠经常会躲在巨石的脚下，在小草坪的边缘，在那里它们能找到食物

春季大扫除，秋季竞争

土拨鼠醒了以后，马上就会进行春季大扫除，把洞里多余的干草都清理出去。挖这些洞占据了土拨鼠家庭的大部分时间和精力，在山间石头层上挖出深深的洞穴对它们来说不是挑战。土拨鼠群体整个春天和夏天都有事情干，夏天接近尾声的时候，土拨鼠们还会聚集起来竞争过冬用的植物和干草。因此土拨鼠总是在忙碌，只需要一点耐心就可以观察到它们。但是观察者们不应该靠近，因为这样会让土拨鼠——尤其是负责监视行人道的土拨鼠警卫员紧张。当土拨鼠感到不安的时候，正在履行看守职责的成员就会发出长长的哨声，这个哨声就是让其余的土拨鼠快点跑回洞穴的信号。

冬天用的干草

陆续醒来之后，雄性土拨鼠就会与雌性土拨鼠交配。在土拨鼠群里雌性总是生活在一起，而雄性则不会因此而打架。在怀孕34天之后，雌性就会生下2~4只光秃秃的、昏睡着的土拨鼠幼崽。土拨鼠幼崽长得很慢，直到夏天它们才会在白天出洞。在3岁的时候才会性成熟。土拨鼠在秋天会增肥，布置好冬眠用的巢，然后就会和群中的其他成员抱团进入冬眠状态

只需观察土拨鼠1个小时，就足够了解吵闹的、没有秩序的旅客对于土拨鼠来说是怎样的困扰。所以我代表土拨鼠向人们倡议：让我们安静地在山间行走，尊重周边的大自然。

前不久，土拨鼠的天敌还是人类，但是现在它们的天敌变成了老鹰和狐狸，有些时候猞猁也会威胁到它们。年轻的熊有时也会成为敌人，但这种情况比较少见，而且也不怎么有危险性

欧亚红松鼠

学名: *Sciurus vulgaris*
身长: 20~24厘米
尾巴长: 17~20厘米
体重: 200~300克
寿命: 5~8年

松鼠
——大众的宠儿

松鼠大概是唯一能够让我们激起怜悯之心的啮齿类动物。每天它都在公园里度过，跑向人群拿走人们手上的食物，在树木间灵活地跳动。松鼠有着一身漂亮的红色皮毛，还有一条神奇的毛茸茸的尾巴，尾巴在松鼠于树林间跳跃时充当了"船舵"的作用。

松鼠概述

松鼠身长大约20厘米，尾巴大约和身长一样。成年松鼠体重约为250克。秋天松鼠要多一些，尤其是在周围长满了欧榛的地方。生活在山上的松鼠颜色较深，棕红色居多。在我国的东北、西北和华北地区的森林地带，松鼠是非常常见的动物。

耳朵尖上的长毛

抓地力强的后爪

跳跃期间像船舵一样发挥作用的蓬松的尾巴

窝和树洞

鲜为人知的是，松鼠的窝一般建在河边。夜晚它们在那里休息，也会养育自己的孩子。那些树杈上用有叶子的树枝做成的圆形窝，很多时候不是鸟窝，而是松鼠窝。这种窝有一个入口在边上，是用大量的杨树皮的纤维或者类似的材料堆出来的。

天敌

在地面上的松鼠会被狐狸或者猫吓到，在树上的松鼠则会被鹰威胁，还有貂——这种动物不仅能够在地面上捕捉松鼠，甚至能够在树杈上追捕松鼠。但冬天时对松鼠构成最大威胁的不是貂，而是食物的短缺。它们在公园里的粮仓经常被乌鸦打劫，而在森林里的粮仓则被松鸡偷袭。

松鼠也会经常使用树洞。它们很愿意晚上在里面休息，并且在里面储存一些粮食。当冬天变得异于寻常的寒冷和潮湿时，松鼠不会从温暖的洞中出来活动。它们吃着存粮、睡觉，直到吃完的那天。但是松鼠不会像其他动物那样，陷入冬眠状态

住在山上的松鼠
颜色深

松鼠是很多童话或者
儿童读物的主人公

冬天，松鼠在睡觉的时候会多
次醒来，检查自己储存的粮食

短暂的童年

　　春天交配完之后，经过38天的怀孕期，雌性松鼠会在自己建的河边窝上产下2~6个幼崽。1个月以后，松鼠幼崽的眼睛才会睁开，之后它们长得很快，2个月的时候就可以断奶，再过2周就可以独立了。所以1年足够雌性松鼠养育2~3窝的幼崽。因此没有松鼠的天敌——貂的地方，很快就会被大批松鼠占领，比如在公园里就会同时有好几只松鼠从你手里拿走食物，当然前提是在你手里的是它们的最爱——坚果。

松鼠的美味

　　坚果并不是松鼠唯一的食物，动植物它们都吃。它们尤其喜欢云杉的球果或者是松木的球果，为了咬开坚硬的外皮取出里面芳香的种子，松鼠们会全方位地啃咬这些球果。有特殊咬痕的球果可以在果实很多的云杉树底下找到。它们也吃山毛榉的果实和橡树果，以及很多的小昆虫，有时候也会洗劫鸟儿的巢穴，拿走鸟蛋或者小鸟。所以森林中的鸟儿不允许松鼠接近自己的鸟巢。

被松鼠啃过的松果

欧榛果

公园中的松鼠经常会吃人们喂给它的食物

狼

学名： *Canis lupus*
身高： 60~90厘米
身长： 100~130厘米
体重： 30~60千克
寿命： 12~16年

狼
——糟糕的老观念

普通人想到狼的时候，都会想起小红帽的故事或者和这个故事类似的民间故事。因此狼被认为是野性生猛的动物，专吃奶奶和孙女，它是森林恐惧的化身，是其他小动物的噩梦。狼并不是只有在这一个故事里被塑造成了坏蛋，在动画片里它也是这样的形象。在那个时候的欧洲，狼意味着死亡。幸好现在欧洲的狼群得到了很好的保护，生活得还不错，慢慢地数量也在增加，而且在某些地方，狼的数量如此之多，甚至超过了在人们门前吃草的绵羊和小牛犊。

皮毛

覆盖狼的全身的皮毛由两部分组成：长且硬的皮毛覆盖在身侧和背部，短的皮毛覆盖在腹部；长的毛发组成"鬃毛"，狼愤怒的时候就会竖起"鬃毛"

特征

"脸"的下半部分尖尖的，而且颜色很浅，两只耳朵短且直立，在背部有独特的毛色

直立的，有些短的耳朵

脸的下方是浅色的皮毛

锋利的犬牙和强壮有力的下颌

狼群——家族聚群

狼群，也就是群聚的狼，经常由一对狼夫妇和其子孙后代组成，有时候组成狼群的是都还年幼的狼。狼群一般由5~7只组成。冬天几个狼家族可以组成一个大的狼群，能达到20只，它们一起捕猎马鹿和麋鹿等作为食物。

羁绊一生

雄狼离开原来生活的狼群后，会遇到终身伴侣，然后和这只雌狼生活在一起。过了2月或3月的繁殖期，再经过2个月的孕期后，小狼就诞生啦！雌狼一窝会生4~6只小狼。雌狼会把小狼生在自己挖的洞穴里，但是有时候也会选择在寂静的丛林里，被连根拔起的大树下，岩石的夹缝中以及按照需要扩大了的獾的巢穴里生产。小狼出生后2个星期才能睁开眼睛，1个月大的时候它们就能够走出洞穴了。到这个时候它们只能吃母乳，对于父亲带回来的腐肉，它们的肚子还不能消化，即便吃下去最终也会被吐出来。

共同狩猎

秋天，年轻的狼会跟着父母一起出去捕猎，但是这期间它们要学习很多的知识，因为对于狼来说捕猎是有技巧的，而且要用不同的技巧来应对不同的环境。

以前狼群会攻击牧场上的马匹和一些家畜家禽，但是现在这样的事件鲜有发生，虽然它们偶尔也会袭击绵羊和小牛犊

每个星期两只马鹿

整个狼群能够吃掉一整只马鹿。当捕猎的收获很丰富的时候，狼群就会把捕来的猎物放在近处好几天。中等大小的狼群一般每星期必须要捕食2只马鹿。当马鹿稀缺的时候，狍子、麋鹿、野猪和野兔就会成为牺牲品。它们不会嫌弃动物尸体以及啮齿动物，甚至会袭击家养动物，尤其是绵羊和小牛犊。

共赴盛宴

狼在丛林里扮演着捕食者的重要角色。它们会选择较弱或者有残疾的对象作为猎物，这样有利于被捕食者种群的健康繁衍。在毕斯兹扎迪和克内申森林里，雄性马鹿的角最为坚硬，而恰恰这些地方狼的数量最多。冬天狼群盛宴后的残羹冷炙也是众多动物过冬的主要食物。第一批发现狼群剩饭的常常是渡鸦，而接下来它们又会吸引更多的食腐动物，比如松鸦、秃鹫、白尾海雕以及幼鹰，之前还有山雀，晚上的时候还会引来狐狸和貂。因此，森林里捕猎的狼群给了很多生物过冬的机会。

有关于狼的谚语

野性、骄傲和危险的狼不仅出现在童话和传说里，也会出现在波兰人的谚语和日常对话当中，比如可以形容某人"像只饿狼一样"。经历丰富的水手我们叫作"海上的狼"，当一个人伪装得很无辜时我们就形容他是"披着羊皮的狼"。我们所说的"狼的法则"意思是尊重野性，谁的拳头大谁说话，而"狼票"意思是禁止入内或者禁止停留。当我们想要批评某个人的过激行为时就会说"像只狼一样"，而当我们想要总结某人做过的坏事和其后果时我们会说"做坏事的狼总会受惩罚"。我们可以"不把狼引出森林"（莫惹是非），或者更精明一点，达成"狼饱了，羊也保住了"的双赢局面。

狗的祖先

狼所有的社交举动都能够在狗的身上找到影子，因为狼是狗的祖先。大约在15 000年前，人们把狼驯化，用于辅助捕猎，可能在亚洲，也可能在非洲，也可能两个地方同时存在。狼敏锐的五官，尤其是嗅觉和听觉在狩猎大型动物的时候能起到很大的作用。之后人们开始让这些驯化的狼守卫自己的家园。现在家养的狗和狼已经大不相同了，甚至狼在狗的身上已经找不到任何兄弟的影子。

狼的等级制度

刚成年的狼必须要学的一门课程就是狼群的等级制度。狼群中只有第一代的雄狼和雌狼才会繁衍后代。族群剩下的成员只能用尖牙厉爪开辟一条通向高级阶层的道路。当族群统帅视察底层群众时，它会伸直脚掌走路，把尾巴翘起来，还要把头抬高。臣服于它的成员就会低头弯下身朝向地面，甚至还会以四脚朝天的方式迎接，露出腹部并且发出带着哀伤的尖锐声音。

从属关系的建立有赖于一些仪式：向上层成员露出腹部和颈部，这样就能制止挑衅行为

水獭

学名： *Lutra lutra*
身长： 70~90厘米
尾长： 35~60厘米
体重： 10~20千克
寿命： 10~15年

水獭
——盲目自大的水獭

我在森林中有一间小木屋，我喜欢在那间小木屋里度假，那里非常清新，能够帮助我远离城市的喧嚣和日常的繁杂琐事。

我还在那里养着一只狗，它的名字叫作索妮娅，索妮娅是天生的狩猎者和大型捕猎活动的得力助手。在散步的时候绝对不能落下它，因为它会感觉到被忽视，然后，不管你抚摸它多少下，给它多少香肠都不能抚慰它的心灵。所以我每次散步都会带着索妮娅。每当它叼回一些野生动物，却被它们的攻击吓得躲到我的腿中间时，事情都会变得很麻烦。它希望这些动物不会攻击我。我经常也有这样的愿望，但事实又和希望的不太一样。一般大部分的野生动物都不会吓到索妮娅，但面对水獭时，它总是不能控制自己。记得某一次早晨一起出去散步，我发现了它这一特点的确切证据。一只狗不会无缘无故地吠叫，索妮娅当然也是。一般它想告诉我的总会是一件重要的事情，这次就是因为一只盲目自大的水獭。

水獭非常完美地适合在水中生活

浓密且不透水的皮毛有着泥土的颜色

鼻孔和耳朵在水下的时候是紧闭着的

长且坚韧的尾巴

脚趾间都有蹼

不同凡响的智慧

穿过小树林后，我看到了既迷人又好笑的一幕。在一片几乎完全结冰的大池塘上，仍留有一小块未结冰的活水区域，一汪溪水自此潺潺地流入池塘。水面上，一只水獭背朝下，慵懒地摆动着尾巴，自顾游泳。它注视着一只沿岸奔跑的狗。这只狗大声地吠着，力图使自己看上去很凶猛，却没有勇气跳入冰冷的水中。我蹲在那里，一动不动，仿佛是一截树桩。水獭完全没有注意到我，它在注视着这只狗——没错，这只狗就是索妮娅。当它靠近对岸时，索妮娅急忙冲向250米外的一座桥，并急匆匆地奔向水獭。水獭从容地游到了靠近我的一岸，它离我只有约10米远，但它仍然完全忽视了我。此时，索妮娅又飞奔向我，再一次跑了个250米远，而水獭在此期间又从容不迫地游了几米，到了对岸。索妮娅就这样跑了好多个250米。我不知道这样过去了多久，这期间百无聊赖的水獭既没有潜入水中，也没有从我们的视线中消失。

观察这样隐蔽而神秘的动物总是迷人而有益的。10年前这近乎是一个奇迹。十几年来，虽然水獭的数量在逐渐增加，但是仍然只有幸运的人才能观察到这种水生哺乳动物。我没有想到，水獭可以这样肆无忌惮地无视狂吠的狗，这打破了人们对它的既有印象。即使是面对仅几米远的潜在威胁时，它也对自己的安全充满信心，这体现出一种不同凡响的智慧。现在，水獭独特的心理特征已经被写入书中。我也见过一些被驯服的水獭。与它们如此近距离地待在一起并共同散步简直太奇妙了，这些记忆将长久地留在我心中，这也让我能够在脑海中具体地勾勒出这种动物的模样。

长而锋利的牙齿让它们能够轻松地捕到滑溜溜的鱼儿

如果缺少鱼儿，水獭也吃蛙类，尤其是在冬季，它们甚至也吃鸡蛋和幼鸟，以及小型的啮齿动物和甲壳类生物。除此之外，它也会吃蚌类和蜗牛。冬季，营养不良的水獭可能只有几千克重，但是体型较大的成年雄性水獭在秋季可重达20千克以上。受到惊吓的水獭可以在水下待上几分钟，但如果是人工饲养的水獭，则通常只能待不超过半分钟

受法律保护

在很多地区水獭都是受到法律保护的物种，因为这种生物已经非常稀少了。比如在欧洲，近十几年内，只有在波兰，还能观察到这种动物。动物学家们观察到许多水獭回到了自己以前的栖息地。这里有一个有趣的例子，在欧洲的比亚沃维耶扎原始森林里，人们最后一次观察到水獭是在1795年，根据记录，下一次在这里观察到水獭是在1994年，也就是200年以后，地点同样是比亚沃维耶扎原始森林。这完美地展现了这种动物对于栖息地的特定偏好。

对水环境的适应

水獭完全能够适应水中生活，它有着厚厚的防水皮毛。4个爪子的脚趾间都有蹼，用来加速，同样地，它长而有力的尾巴也能起到这个作用。借助于这些，水獭得以穿梭于水生植物中做蛇形游动。它的眼睛在陆地上和水中都能看清东西，硬挺的胡子能够协助它在幽暗的水下找到食物。在水下时，它的鼻孔和耳朵都处于封闭状态，喉咙也能阻挡水流进入肺部。凭借这样的身体构造，水獭得以在水下捕捉鱼类。

不受季节限制

水獭最奇怪的特征就是不受季节限制的繁殖。小水獭可能在1年中的任何一个时候来到这个世界。我见过几只水獭，它们是在10月份和11月份被发现的，当时它们刚出生，还不能睁开眼睛。当然，如果没有人类的帮助，它们将没有任何存活的概率。水獭妈妈孕育宝宝大约需要2个月，但如果这发生在冬季或者水獭妈妈处于营养不良状态，这个过程也可能长达

半年。在岸边挖出的能够进入水下通道的小洞里，水獭妈妈诞下2~4只小水獭。这些小水獭在出生的头一个月里都闭着眼睛，在接下来的几个月里它们都十分的笨拙。到了第二年的春天，这些小水獭就能独立生活了，而它们的妈妈则会继续孕育新的后代。到了这个时候，通过水獭妈妈的照顾，这些小水獭已经学会了捕食和躲避危险，也学会了在空闲的时候与小

1年后，小水獭就能独立生活了

伙伴一起玩耍和沐浴阳光。因此，水獭的巢穴常常十分寂静，空空如也。这也是为什么我们对它们的家庭生活知之甚少的原因。

水獭是鱼塘中鱼儿们的"麻烦"，但要是说它影响了鱼类生存，那就夸大其词了。为了防止水塘中的鱼儿被水獭捕食，应该采用电子手段，因为传统的围栏是不起作用的

自己的地盘

年轻的水獭必须寻找自己的地盘，为此，它们有时甚至要去相当遥远的地方。任何有水的地方，都可以成为它们的选择。它们的足迹非常有特色，我们可以顺着这些足迹来到河流、湖泊或是池塘边。祝你能有许多惊喜的发现。

小水獭们在空闲的时候常常一起玩耍

野兔

学名： *Lepus europaeus*
高度： 30厘米
身长： 50~70厘米
体重： 3~6千克
寿命： 10~13年

野兔
——欧洲野兔

很久以前，人们一直认为野兔是啮齿类动物。现在我们知道了，它早在至少45万年以前就脱离了啮齿目动物的进化路径，形成了兔形目。野兔是兔类动物属下单独的一个分类。野兔，也就是我们常说的灰毛兔，又被叫作欧洲的兔子。甚至它的拉丁语学名也叫"*Lepus europaeus*"，这是在强调它属于欧洲。但事实上，它和其他的几个相近物种来自亚洲、非洲和美洲。

特别长的耳朵

野兔的典型特点包括它的长耳朵、长腿、跑动速度以及隐蔽能力

野兔的耳朵总是在动，它们甚至能听到最细微的声响

利于隐蔽的毛色

灵敏的嗅觉

长腿

素食主义者

　　成年兔可重达6千克，但一般情况下不会超过4千克。身长能够达到60~70厘米（外加几厘米的短尾巴）。它是一个完全素食主义者，吃大约70种植物。它的最爱是三叶草和蒲公英。冬季，它必须吃树皮和灌木，尤其是当雪覆盖住了所有的草木之后。在这个困难的时期，处于妊娠期的兔子妈妈需要的食物最多（约为自身体重的四分之一）。

蒲公英

栖息在洞穴中

　　幼年的小兔子，特别是那些躲在草丛中或是青葱的谷物小苗间的小兔子，你千万不要把它抱走，因为它并不是被妈妈抛弃了！兔妈妈会在夜间来看望它们，并给它们喂奶喝。这是一项十分迅速而秘密的工作。这也难怪，因为兔子有大量的天敌，这些天敌都视兔子为美味的食物。狐狸、乌鸦和老鹰，这些都足以让兔妈妈担心自己的安危。因此，当我们看到躲在洞中的小兔

热爱自由

　　3月，冰雪融化，在经历了6个月的孕育之后，兔妈妈诞下五六只兔宝宝。1岁的年轻兔妈妈只能生下1只或2只兔宝宝。兔宝宝出生后带有皮毛，并且能够立刻睁开眼睛。它们的重量约为150克，像一个几岁孩子的拳头那么大。

子时，应该立刻离开，不去惊扰它们。当小兔子们离开巢穴时，它们将遇到许多不安全因素，可能遇到麻烦而回不了自己的巢穴，于是，我们称这样的巢穴为"空穴"。兔妈妈的喂养活动通常于夜间在巢穴中进行，这在小兔子生命的最初几天是极为重要的。几周大的小兔子尚且需要兔妈妈的喂养，而几个月大的兔子则将离开妈妈，开始孕育新的生命。

有的时候——令人遗憾的是——它们被散步的人带回家，而野生动物最好是生活在大自然中。野兔不喜欢失去自由，它们是十分难照顾的动物。与家兔相比，野兔没有被驯化。

野兔总是密切关注着周围，每时每刻都在警惕可能到来的危险

101

年幼的兔子躲藏在草地中，它们受到兔妈妈的保护，不应该把它们带回家

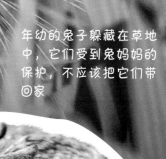

小兔子潜伏在自己的洞穴中，能够看见周围所有的一切。它微微凸出的眼睛，使它视野开阔，甚至能够看得见身后的尾巴，并同时直勾勾地看着你

突然逃跑

兔子喜欢在太阳下晒日光浴。空闲的时候，它就检查检查自己的皮毛。时不时地将自己的香腺分泌物搓揉进自己的皮毛中，这些分泌物来自兔子的嘴角。野兔在休息的时候会小睡片刻。人们常认为它睁着眼睛睡觉，但其实和流行的看法相反，它是闭上了眼睛的，只不过通过控制颜色，不让天敌意识到它在睡觉。它无时无刻不在密切地关注可能到来的入侵者。只要它觉得可能有威胁，就会拔腿逃跑。

双胎妊娠

在生殖季节，一只母兔可以孕育多达4窝小兔子，最后一窝接近夏季的尾声。在它的生殖系统中，有一个非常特殊的现象，兔子在它的子宫中能同时孕育两窝后代。在其一次怀孕的尾声时，能够同时进行下一次怀孕，因此能够同时怀孕两次。其结果是，第二次怀孕较第一次而言，时间更短，这也是为什么一只兔子能够在一个季节生出4窝小兔子。兔子可以活到12岁，只是一般情况下这样的高寿需要特殊幸运的加持。

春季的寻偶

年轻的野兔在下一年的早春进入性成熟状态。它们在2月开始发情，我们将此时野兔的行为称之为"寻偶"。到那个时候，雄兔将会争夺雌兔的青睐。它们奔跑、跳跃，一刻也不停歇。一只成年野兔能以每小时70千米的速度跑动，并且能够垂直起跳2米高，远距离起跳4米远，甚至可以在结冰的河面上滑冰而过。这绝对是值得观赏的景象。

早春的寻偶阶段是观测野兔群的难得机会。一旦这个阶段结束，野兔们就又要回到独居状态了

在花园一侧的线索

这里要普及一个值得了解的小知识：我们看到的野兔足迹，通常是野兔把两条后腿从身体两侧并排向前用力跳跃的结果。当后腿向前跳跃的时候，它们的前腿则并排向后。其结果是，一串兔子的足迹包括4个典型的兔爪痕迹，两条前腿的足迹和两条后腿的足迹是平行且相邻的。野兔走后，它的身后留下一个接一个的脚印。当然，并不是所有人都喜欢在自己的家中发现兔子。在冬季，饥饿的野兔可能在花园或果园中发脾气。如果将果树包上塑料膜，则可以保护它不受到野兔的破坏。如果为野兔准备一些干草和胡萝卜，那么野兔也不会去伤害树干，所以这种施舍绝对是一举两得。

103

欧洲泽龟

学名: *Emys orbicularis*
身体: 长20厘米
体重: 1千克
寿命: 100年

欧洲泽龟
——铁青蛙

在欧洲，爬行动物很少，欧洲泽龟是它们当中比较出名的一种，也是比较大的一种。渔民们曾称呼它为铁青蛙。虽然人们建设了很多泽龟庇护所，但它的生物学秘密仍然隐藏着。这个物种还有许多秘密，甚至它的数量都是未知的。

长而尖、形似猪嘴的鼻孔只有在呼吸时才从水中稍微露出来

椭圆形的外壳上有黄色图案和斑点，雄性更明显

脚趾之间的薄膜便于游泳

欧洲泽龟概述

欧洲泽龟是典型的中小型水龟，成年龟的甲壳长度差不多有20厘米，体重差不多是1千克，它的寿命通常能达到100年以上。泽龟栖息在植被茂密的湖泊、池塘和缓缓流淌的具有丰富水生植被的河流里。欧洲泽龟比较喜欢安静，因为安静的地方有适合它们的僻静的栖息地。除了大不列颠群岛和斯堪的纳维亚半岛，欧洲泽龟分布在几乎整个欧洲范围内，以多瑙河三角洲的数量最多。

104

雄性是橙色的虹膜，雌性是黄色的虹膜

欧洲泽龟大部分时间待在水中

凹陷的甲壳

当温暖的春天来临，欧洲泽龟交配的季节也来了。雄性更早地从冬眠中醒来并且开始活跃地寻找雌性伙伴，它们通过雌性分泌的可溶于水的信息素（昆虫或其他动物分泌出来以刺激同类的化学物质）来寻找雌性的位置。雄性外壳的底部，即腹甲处具有椭圆形凹槽，以适合雌性的甲壳，也就是外壳的背侧部，这使得两性交配更容易。我们可以很容易地将雄性与雌性区分开来，因为雄性明显地会有更长的尾巴和橙色的虹膜。雌性的虹膜是黄色，并且有黑色的十字形图案。

泽龟蛋是松鸦、乌鸦、狐狸，甚至是野猪和流浪狗的美味佳肴。只有很少一部分泽龟蛋能完成发育。刚浮出的泽龟身体柔软、脆弱，长度不超过2.5厘米。在几年里它们都会很柔软。但5岁之后，它们的存活机会就会明显增加。雌性15岁时性成熟，而雄性为20岁。

漫长的孵化期

差不多在它们醒来后的1个月，6月初，当黄色的鸢尾花盛开时，雌性泽龟会上岸，寻找一个合适的地方产卵。

雌龟会从怀孕时候居住的湖里爬出来，甚至爬到几千米外去寻找多沙的适宜产卵的地点，然后自己挖一个约15厘米深，直径为10厘米的产房。产房建好后，雌龟开始产卵，泽龟每次能产5~15枚卵。卵呈椭圆形，白色，有弹性。产完卵之后，雌龟便用后肢将沙土扒入坑内，把卵掩盖起来。3个月左右，幼龟就破壳而出。孵化持续的时间取决于温度。有时候泽龟的产期甚至是在冬天即将到来的时候，它们都来不及孵化。这种情况下，胚胎必须等到春天后才会进一步发育。

雌龟在挖好的沙质土壤的洞里下蛋，并且小心地将蛋埋起来

敌人——巴西红耳龟

在渔民用网捕鱼的地方，大量的欧洲泽龟在被渔网困住后因无法呼吸溺水。它们的敌人也有养殖的巴西红耳龟，红耳龟积极抢占欧洲泽龟的生存区域，因为在这些区域红耳龟可以在阳光下取暖。这些来自美洲的爬行动物往往被有意或无意地释放到天然水库。巴西红耳龟不能繁殖，但是能存活几十年。可就在这几十年的时间内，巴西红耳龟就可以摧毁欧洲本地的两栖动物生态系统，把本地的龟从它们的天然庇护所赶走。因此，释放巴西红耳龟是应该受到谴责的，因为它们会对生态系统造成极大危害。

巴西红耳龟，外来物种，和本地的龟类争夺食物和栖息地，所以向当地的管理部门报告对这个物种的观察结果是非常重要的

习惯

泽龟在水下捕猎，捕猎时不需要进行必要的呼吸，它甚至能在水下待半个小时。冬天的时候，它会把自己埋在水下的泥中，进入持续差不多半年的冬眠。然后在冰刚刚融化，四五月之交的时候苏醒。泽龟的食物是水生昆虫及其幼虫，此外还包括螺、蛤、蝌蚪、青蛙、小鱼。

蛤蜊

蜻蜓

蝌蚪

已不嫌弃死鱼，哪怕是已经发臭的死鱼

通常我们只能看到这种乌龟

欧洲野牛

欧洲野牛

学名： *Bison bonasus*
肩高： 150~180厘米
身长： 3~3.5米
体重： 400~900千克
寿命： 15~20年

欧洲野牛
——欧洲最大的牛

欧洲野牛是欧洲最大的动物和最大的有蹄类动物之一。它的近亲是美洲野牛。

一个欧洲野牛群体中共同生活着几代野牛

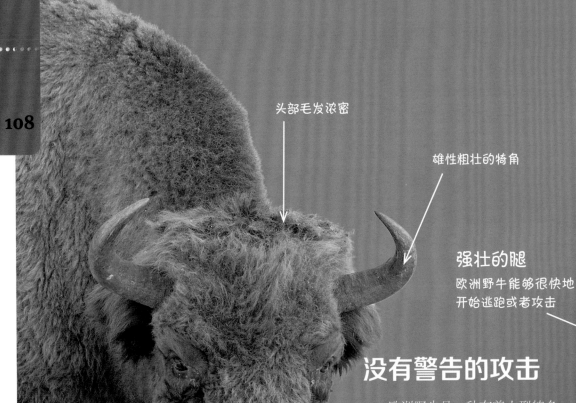

头部毛发浓密

雄性粗壮的犄角

强壮的腿
欧洲野牛能够很快地开始逃跑或者攻击

没有警告的攻击

欧洲野牛是一种有着小型犄角、力量强大的哺乳动物。它也是具有攻击性的动物。尤其是年老的雄性野牛，当其在树林中独自行走时，会攻击入侵者，也会攻击人类。同样的警告也适用于照顾新生幼牛的雌性野牛。不能靠近它们，因为它们会毫无预兆地攻击你。

108

欧洲野牛概述

　　成年的雄性欧洲野牛体重在1吨左右，高170~180厘米。雌性欧洲野牛体型小一些，体重为400~600千克，高150~160厘米。雄性欧洲野牛身长约3.5米。

快速变化的毛色和充满弹性的肌肉组织

　　欧洲野牛的毛色会根据季节的变化而变化。野牛在夏天时的毛发呈栗棕色，冬天明显更暗一些，几乎是黑色的。欧洲野牛适应丛林生活，强大有力的犄角和拥有大量毛发的头能够粉碎树木和灌木丛形成的障碍。它可以横向小幅收紧身体，在人们惊讶的目光中轻轻挤压穿过森林灌丛，强大的身躯会给这种巨型动物提供强有力的驱动。

清晰的、拱形的公牛背

雄性野牛的犄角
比雌性的更有力

毛发茶褐色，冬天的时候
更长更稠密

欧洲野牛能够快速奔跑，
甚至能够跃过3~4米高的
围墙

深深的脚印是寻找
它们的好线索

家庭生活

欧洲野牛一般3岁成年，母牛4岁生下自己的第一个小牛犊，但公牛在6~7岁才会成为父亲，那时，它已经有足够的体重和力量赢得做父亲的权力。欧洲野牛的发情期从8月持续到10月。在此期间，公牛们守着多头母牛，以此显示自己的实力，甚至互相战斗到死。母牛的孕期持续9个月的时间，因此小牛出生在春天，刚出生的小牛犊体重在16~30千克。母牛给小牛犊喂1年母乳，但母乳只在出生后第一周是小牛犊的全部食物。很快，它们就开始吃嫩草，这对欧洲野牛来说是美味佳肴。

比亚沃韦扎徽章

纳雷夫卡徽章

春天，欧洲野牛愿意从森林里走出来，为了在草地上吃草

橡树果实

榉木

权力的象征

在欧洲的一些国家，野牛是权力的象征，比如波兰。在波兰，人们把它放在家族、城市和国家的徽章上面。欧洲野牛于12世纪在英伦三岛灭绝，于14世纪在法国灭绝，于16世纪在德国灭绝，在那些地方，带有野牛形象的徽章很少，而在波兰和白俄罗斯有很多。在这两个国家，野牛经常会出现在各种各样的徽章上。除了这两个国家，欧洲野牛也出现在罗马尼亚和摩尔多瓦的国家徽章中。在捷克共和国有一个名为祖布日的城市，它的徽章里也有欧洲野牛。甚至在西班牙，在一个名为科尔特苏维的乡村的徽章上也有野牛的形象。欧洲野牛因为自己的力量和霸气的举止被广泛地尊重。国王、伯爵和封建主曾经保护它们，俄国沙皇曾经也保护它们，现在全世界的动物学家都在保护它们。

素食主义食谱

欧洲野牛非常谨慎，喜欢安静而隐秘的生活。它们能够悄悄地消失在森林灌木丛中。在春天的时候，野牛则愿意来到林中空地吃嫩草。它们除了吃普通的嫩草也吃莎草、树和灌木的嫩根、橡子、榉木和栗子。冬天和早春的时候，野牛会咀嚼年轻橡树、白蜡树、山杨、云杉和角树的树皮，它们挖出雪芽黑莓——黑莓的叶子甚至在结冰后仍保持绿色。

在动物园帮助下的营救

欧洲野牛是保护自然（以及保护自然联盟）的象征。在波兰的约翰·史特茨曼的倡议下，在来自不同动物园的12份样本的基础上，重新建立了该物种的野生种群。欧洲野牛曾经广泛分布于欧洲各地。因为被滥捕，第一次世界大战动荡期间，最后一群野生的欧洲野牛在比亚沃韦扎被杀害。这件事发生在1919年。仅仅7年后，仅存的一头野生欧洲野牛，死于高加索西部地区。但在1929年，人们在比亚沃韦扎森林投放了第一批在动物园饲养的野牛。现在，欧洲野牛在波兰境内不仅分布在比亚沃韦扎，在克内申斯克和鲍莱兹克森林，西波莫瑞森林（米罗斯瓦维茨和波莫瑞地区德拉夫斯科附近），以及毕斯兹扎迪山的森林都有分布。该物种得到拯救要感谢动物园！

地理分布

我们能够在华北地区听到欧歌鸫的鸣叫，而新疆歌鸲则在西北地区。在山间，我们会发现领岩鹨；在田野中，我们会找到圃鹀，就像找到黍鹀和云雀一般自然。最没有特色的是地雀的声音，这种鸟随处可见，但它的叫声随着地区的不同而不同，这一点是十分有意思的。

鸟类的时钟
——独特的技能

4月和5月是鸟类集中繁殖的季节，在这个时间段里，你可以大胆地以鸟类的鸣叫声来区分一天之中的时刻。虽然这并不是一件容易的事，但是经验丰富的鸟类专家根据窗外鸟类的行为，不仅可以确定所处的地区，还可以推算出这是该国一天之中的哪个时刻。想要拥有这种本领，你必须经常在野外观察，多听鸟儿们鸣叫的声音，或是向经验丰富的人学习这类知识。这是为什么要了解鸟类并熟知它们的声音的一个原因，这也是志同道合的鸟类爱好者们喜欢的消磨时光的方式。下面，我将为你介绍我家乡的鸟儿会在哪个时刻鸣叫，当然了，不同地区这些鸟儿鸣叫的时刻也会有所不同，你家乡的鸟儿都会在哪个时刻鸣叫呢？

2

赭红尾鸲
🕐3：00

赭红尾鸲肯定是第一只为我们歌唱的鸟儿，它将在凌晨3：00左右鸣叫

3

早晨的鸟儿们

如果在清晨的时候，我们也恰巧在郊区，会是什么鸟把我们叫醒呢？

接下来，将是乌鸫的笛哨般的声音，大约是在4：00的时候丛林中才会响起它的声音。在这之后太阳才升起来

乌鸫
🕐4：00

4

苍头燕雀
🕐5：00

大约在5：00的时候，很多能够鸣叫的鸟儿都开始歌唱，但是能够独领风骚的那个一定是苍头燕雀

5

上午的颤音

在7：00左右，大多数的鸟儿都停止鸣叫了，唯独欧歌鸫断断续续地为美丽的祖国唱着单调的赞歌，我们把这种鸟简称为歌鸫。

大约在6：00，斑姬鹟和红尾鸟开始大合唱，这些都是喜好温暖的鸟类

欧歌鸫
🕐 7：00

红尾鸟
🕐 6：00

斑姬鹟
🕐 6：00

如果我们是在田野或草甸上，那么在早上6：00独领风骚的将是云雀。雄云雀盘旋在数米高的空中，叫声一起一伏的。

红额金翅雀
🕐 11：00

欧金翅雀
🕐 11：00

上午的歌声

113

大约在11：00的时候，我们首先能听到的是欧金翅雀和红额金翅雀的叫声

10：00的时候，在田野上，我们有机会听到圃鹀发出的节拍，这会让人联想到贝多芬的第五交响曲

在9：00的时候，我们能清晰地听到天空中回荡着黄鹂的叫声

蓝山雀
🕐 8：00

黄鹂
🕐 9：00

8：00是属于蓝山雀和鸦的时间

叽咋柳莺
🕐 12：00

柳莺
🕐 13：00

鸲鹐
🕐 18：00

114

下午的小憩

在12：00时候，鸟儿们的世界沉寂下来。但叽咋柳莺和鹀重复着它们单调的旋律。大约在13：00的时候柳莺和鸫鹟加入它们一起歌唱，在14：00的时候（如果那一天不炎热的话）布谷鸟也会加入。

鹀
🕐 12：00

松鸦
🕐 15：00

下午的长啸

大约在15.00，鸟儿乐团再一次开始演奏。田鸫鸟、松鸦、鸫鹟开始在田野中响亮地歌唱。

1小时后，也就是16：00，你会听到鸫鹟以及黍鹀和草地鹨的鸣叫；而17：00则是长脚秧鸡支配的时间。

傍晚的嗡嗡声

当田野上开始有傍晚的气氛时，也就是18：00左右，我们有机会听到鸲鹐的叫声。

夜晚的赞歌

灰林鸮
🕐 22:00

午夜时分，也就是24:00，很少有鸟儿在这个时候歌唱了，但此时夜莺会举办一场最浪漫的音乐会。夜莺是午夜最美丽的歌唱者

午夜的尖叫

大约在23:00时，当鸟儿们停止歌唱，猫头鹰和长耳鸮就会开始鸣叫

22:00的时候，也就是黄昏后，丛林是属于灰林鸮的。同时，雄白胸嘲鸫的叫声也将穿插其中

雕鸮
🕐 1:00

知更鸟
🕐 20:00

大约在20:00时，森林将属于知更鸟，而21:00左右我们将只能听到乌鸫的叫声。有的时候林百灵或欧夜鹰会加入它们的队伍。当然，还有猫头鹰

1:00左右，灰林鸮又一次开始活跃起来。在大片大片的森林中，雕鸮加入了鸣叫的行列，在人类居住的地方，仓鸮也开始鸣叫

在19:00左右，长脚秧鸡会像疯子一样发出类似于哭泣的声音，可能是因为天气即将变热。这也是一个认识凤头百灵的好机会，但是这个物种现在已经很少见了。我们只能在森林中听到它的叫声

在2:00左右，我们有机会听到林百灵、歌鸲和赭红尾鸲的叫声，但此时别的鸟儿都停止了鸣叫。此刻，在池塘边，鹬鹠和秧鸡很可能正在大声地鸣叫

长脚秧鸡
🕐 19:00

图书在版编目（CIP）数据

动物大百科 /（波）安杰伊·克鲁塞维奇著；赵祯
等译 . -- 成都：四川科学技术出版社，2020.10
（自然观察探索百科系列丛书 / 米琳主编）
ISBN 978-7-5364-9963-8

Ⅰ . ①动… Ⅱ . ①安… ②赵… Ⅲ . ①动物 - 儿童读
物 Ⅳ . ① Q95-49

中国版本图书馆 CIP 数据核字 (2020) 第 201491 号

自然观察探索百科系列丛书
动物大百科
ZIRAN GUANCHA TANSUO BAIKE XILIE CONGSHU
DONGWU DA BAIKE

著　　者　［波］安杰伊·克鲁塞维奇
译　　者　赵　祯　袁卿子　许湘健
　　　　　张　蜜　白锌铜　吕淑涵

出 品 人　程佳月
责 任 编 辑　胡小华
特 约 编 辑　米　琳　郭　燕
装 帧 设 计　刘　朋　程　志
责 任 出 版　欧晓春
出 版 发 行　四川科学技术出版社
　　　　　　成都市槐树街 2 号 邮政编码：610031
　　　　　　官方微博：http://weibo.com/sckjcbs
　　　　　　官方微信公众号：sckjcbs
　　　　　　传真：028-87734035
成 品 尺 寸　230mm×260mm
印　　张　7.25
字　　数　145 千
印　　刷　北京东方宝隆印刷有限公司
版次 / 印次　2021 年 1 月第 1 版 / 2021 年 1 月第 1 次印刷
定　　价　78.00 元

ISBN 978-7-5364-9963-8

本社发行部邮购组地址：四川省成都市槐树街 2 号
电话：028-87734035　邮政编码：610031